L'effet de serre

Mise à jour du rapport n° 25
de l'Académie des sciences
du 23 octobre 1990.
L'effet de serre et ses conséquences
climatiques : évaluation scientifique

Académie des sciences
Rapport n° 31

lavoisier
TEC & DOC
LONDRES PARIS NEW YORK

11, rue Lavoisier
F 75384 Paris Cedex 08

2e tirage corrigé 1996

ISBN : 2-7430-0007-4
ISSN : 1159-5590

Table des matières

CHAPITRE V

Rôle de la stratosphère et de ses perturbations sur le climat

CHAPITRE VI

Modélisation du système climatique

CHAPITRE VII

Les paléoclimats et leur variabilité

CHAPITRE VIII

Conclusions et perspectives

CHAPITRE IX

Conclusions and perspectives

CHAPITRE I

Introduction

En 1990, l'Académie des sciences avait réalisé, sur demande du Ministre de la Recherche et de la Technologie et du Secrétaire d'Etat chargé de l'Environnement, de la Prévention des Risques Technologiques et Naturels Majeurs, un rapport intitulé "L'effet de serre et ses conséquences climatiques : évaluation scientifique" (rapport n°25 du 23 octobre 1990).

Quatre ans plus tard, il était naturel que les Ministres chargés de la Recherche et de l'Environnement souhaitent être informés de l'évolution des connaissances sur ce sujet, auquel la convention internationale de Rio sur les changements climatiques a donné un relief particulier.

L'Académie des sciences a confié cette tâche à son Comité de l'Environnement, présidé par Cl. FREJACQUES. Un groupe de travail dirigé par R. DAUTRAY, et dont la composition est donnée en annexe, a examiné le précédent rapport qui reste valable pour l'essentiel. Les points qui lui ont paru mériter une mise à jour concernent notamment le potentiel d'échauffement global, dont la représentativité a des limites qu'il faut clairement préciser, la connaissance des processus qui commandent la concentration en gaz carbonique de l'atmosphère, le rôle des aérosols, l'impact des phénomènes stratosphériques, l'état d'avancement des modèles climatiques et enfin la mise à jour des données paléoclimatiques.

CHAPITRE II

Remise en question de la notion de potentiel d'échauffement global

Le concept de potentiel d'échauffement global qu'on désignera ci-dessous par ses initiales PEG (en anglais, global warming potential : GWP) a été introduit à la fin de la précédente décennie pour essayer de répondre à l'interrogation des décideurs quant à la politique à mener pour réduire l'amplitude de l'échauffement global. Si pour un coût économique donné, on peut réduire les émissions de gaz carbonique d'une certaine quantité "a", celles de méthane d'une autre quantité "b" ou celles de tel ou tel autre gaz à effet de serre d'une troisième quantité "c", que faut-il choisir de faire ? La meilleure façon de répondre à cette question consisterait à définir un facteur de pondération permettant de transformer les quantités "b" et "c" en un nombre de tonnes équivalent de gaz carbonique pour les comparer à "a". Le PEG avait cette ambition, mais les études récentes ont montré les limites de la représentativité d'un paramètre unique, ne pouvant rendre compte à lui seul, même de façon empirique, de la complexité des phénomènes en jeu.

Le PEG est défini à partir du forçage radiatif. Les experts réunis au sein du GIEC (IPCC en anglais) qui dépend à la fois de l'Organisation Météorologique Mondiale et du Programme des Nations Unies pour l'Environnement, ont défini le forçage radiatif du système surface-troposphère (sous l'action par exemple d'une variation de la concentration d'un gaz à effet de serre) comme le changement de la radiance (en W m^{-2}) au niveau de la tropopause, *après que* la température de la stratosphère se soit ajustée de manière à en assurer l'équilibre radiatif.

Le PEG est défini par

$$PEG = \frac{\int_{O}^{H} a_i c_i dt}{\int_{O}^{H} a_{CO2} c_{CO2} dt}$$

où a_i représente le forçage radiatif provoqué par un accroissement unitaire de la concentration du gaz i, c_i la concentration du gaz i au temps t après son injection dans l'atmosphère, H l'horizon choisi pour l'estimation (20, 50 ou 100 ans). Le PEG est un indice relatif, défini par rapport à l'influence radiative du gaz majoritaire, le CO_2, pris comme référence.

L'influence radiative d'un gaz dépend de l'intensité avec laquelle il absorbe le rayonnement infrarouge et de la position spectrale de ses bandes d'absorption. Un gaz a une influence d'autant plus importante qu'il absorbe en dehors des domaines d'absorption des autres gaz, en particulier de la vapeur d'eau et du CO_2. C'est ainsi que les CFCs qui absorbent dans une région spectrale où l'atmosphère est sensiblement transparente (la "fenêtre" atmosphérique) ont, pour une même augmentation de concentration, une influence beaucoup plus grande que le CO_2.

Pour une raison similaire, les gaz ont une efficacité qui croît moins vite que leur concentration. En effet, lorsque la quantité d'absorbant augmente, les bandes d'absorption se "saturent" et l'absorption augmente moins rapidement qu'aux faibles concentrations.

Des progrès sensibles ont été faits en ce qui concerne les propriétés spectrales des gaz mineurs, en particulier les CFCs et les produits de substitution et le N_2O Cela a conduit à une révision de certains des PEG estimés par le GIEC en 1990 et à la détermination de plusieurs autres. Par ailleurs, ces estimations prennent en compte l'impact sur le forçage radiatif des changements attendus des concentrations des principaux gaz à effet de serre (CO_2, CH_4 et N_2O) alors que le rapport 1990 du GIEC les ignoraient : les forçages radiatifs étaient calculés pour une atmosphère stable.

La représentativité du PEG est de plus en plus discutée et la mise à jour du rapport GIEC de 1994 inclura de nouvelles mises en garde contre une interprétation trop rapide des PEG. Les difficultés concernent essentiellement la relation entre le forçage radiatif et la réponse de la température de surface, la référence au CO_2 elle-même et les réactions chimiques par lesquelles certains gaz peuvent en créer d'autres ayant un effet de serre (forçage indirect).

1 FORÇAGE RADIATIF ET VARIATION DU CLIMAT

• Hétérogénéité spatiale des perturbations

Le forçage radiatif dépend des caractéristiques de l'atmosphère et en particulier des profils verticaux de température et vapeur d'eau ; il dépend aussi de la distribution dans l'espace du gaz en question. Le concept des PEG a été développé pour les gaz bien mélangés comme le CO_2. Par contre la réponse du climat à une perturbation répartie de façon très inhomogène dans l'espace, comme c'est le cas pour l'ozone et les aérosols, pourrait être très différente qualitativement et quantitativement de celle qui résulterait d'un forçage distribué géographiquement de façon uniforme. Une simulation effectuée récemment avec le modèle du Lawrence Livermore National Laboratory (Taylor et Penner, 1994) illustre ce problème. Dans cette simulation, le modèle climatique a été couplé à un modèle de chimie troposphérique permettant à partir de données sur les sources d'émission de calculer une distribution géographique des aérosols sulfatés. Le forçage radiatif ainsi introduit par comparaison au cas sans aérosols est de – 1,6 W · m^{-2} dans l'hémisphère Nord et de – 0,30 W · m^{-2} dans l'hémisphère Sud et les variations de la température simulée sont respectivement de – 1,2 C et – 0,8 C. Les sensibilités apparaissent donc fort différentes dans les deux hémisphères ce qui montre que des forçages différents pour chacun d'eux ne peuvent être considérés comme représentatifs des variations de température qui en résulteront. Les PEG sont donc inapplicables pour les aérosols.

- **Distribution verticale des perturbations**

Les PEG sont également mal adaptés au cas des gaz dont la distribution verticale est inhomogène. En effet, la sensibilité de la température de surface à une perturbation du rayonnement émis ou reçu dépend de l'altitude de cette perturbation qui est elle-même fonction du profil vertical du gaz considéré. Il n'y a donc plus de simple proportionnalité entre la réponse climatique et le forçage radiatif au sommet de la tropopause (Wang *et al.*, 1991). C'est, par exemple, le cas du méthane dont l'influence climatique est probablement mal exprimée par son PEG. Hansen *et al.* (1993), ont trouvé que la réponse de la surface aux perturbations de la quantité d'ozone dépendait fortement de l'altitude de ces perturbations. Le PEG semble donc également mal adapté au cas de l'ozone dont les perturbations sont réparties de façon inhomogène suivant l'altitude (diminution dans la stratosphère, augmentation dans la troposphère), et suivant la latitude.

- **Forçages indirects**

En plus du forçage direct que constitue la perturbation des flux radiatifs dûs à la variation de leur concentration dans l'atmosphère, plusieurs des gaz d'origine industrielle ont une influence indirecte en interagissant chimiquement avec d'autres gaz radiativement actifs dont ils modifient la concentration. C'est le cas des CFCs et HCFCs qui provoquent une diminution de l'ozone stratosphérique, du CO et des NO_x qui sont producteurs d'ozone dans la troposphère et du méthane qui interagit avec OH dans la troposphère et donc influence indirectement la production d'ozone par les oxydes nitriques et produit par oxydation de la vapeur d'eau dans la stratosphère. Il semble vraisemblable que le forçage indirect des CFC et des HCF soit faible devant leur forçage direct. Par contre, on estime (rapport GIEC 94) que l'effet indirect du méthane est de l'ordre de 80 % de son effet direct.

On soupçonne également les aérosols d'origine humaine d'avoir un effet indirect important en modifiant les propriétés optiques des nuages. Dans l'état présent des connaissances (voir chapitre aérosols), cet effet ne peut être estimé raisonnablement.

2 INCERTITUDES LIÉES AU CYCLE DE VIE DU CO_2

Le CO_2 est la molécule de référence des PEG. Ce choix se justifie par le fait que le CO_2 est le principal gaz anthropique à effet de serre. Les incertitudes liées à son cycle et donc à sa future concentration et au forçage associé induisent des incertitudes équivalentes sur les PEG. Quand on compare les résultats de six modèles du cycle du carbone qui simulent la réponse de l'atmosphère à une injection de CO_2, on trouve, à l'échéance de quelques centaines d'années, des différences de l'ordre de 20 %.

Pour éviter cette incertitude, il est envisagé de ne plus faire référence au CO_2. Deux solution sont proposées, l'une (Wigley, 1994) consiste à utiliser les PEG absolus, l'autre à utiliser une référence artificielle en imposant une réponse arbitraire de l'atmosphère à une injection de CO_2 par l'intermédiaire d'une représentation paramétrique de l'évolution de la concentration atmosphérique en gaz carbonique en fonction du temps : c_{co2} (t).

CONCLUSION

Le potentiel d'échauffement global relatif des différents gaz ne peut être calculé que moyennant des hypothèses qui en limitent sérieusement la représentativité quant à la capacité relative des différents gaz à provoquer un certain changement climatique. Autrement dit, la complexité des phénomènes est telle qu'on ne peut pas comparer l'effet de deux gaz sans modéliser entièrement l'action de chacun d'entre eux. Il n'existe donc pas de moyen simple de comparer l'efficacité des divers gaz à effet de serre entre eux. Le "potentiel d'échauffement global" tel qu'il est classiquement défini ne mérite donc son nom que si on lui associe une barre d'erreur qui en rend difficile l'utilisation par les économistes.

CHAPITRE III

Cycle du gaz carbonique

Les principaux éléments, permettant de décrire et d'indiquer dans quelles limites on connaît le cycle du gaz carbonique, ont été décrits dans le précédent rapport de l'Académie des sciences On se propose d'actualiser les connaissances en s'appuyant sur la littérature récemment publiée.

1 L'ÉVOLUTION RÉCENTE DE LA CONCENTRATION DU GAZ CARBONIQUE DANS L'ATMOSPHÈRE

La figure 1 montre l'évolution de la concentration de CO_2 dans l'atmosphère entre 1958 et 1993. Les données représentées sont des moyennes mensuelles après lissage des variations saisonnières pour deux stations représentatives, l'une de l'hémisphère Nord (Mauna Loa), et l'autre de l'hémisphère Sud (Pôle Sud).

Au cours de la période de 1980-1989, la croissance annuelle de la concentration atmosphérique de CO_2 a été de 1.6 ± 0.1 ppmv[1] soit un changement du stock du réservoir atmosphérique égal à 3.4 ± 0.2 GtC (1 GtC = 10^{15}g de carbone) par an. Toutefois, des écarts à cette valeur moyenne peuvent être observés. C'est ainsi qu'après des niveaux relativement élevés de croissance de 1988 à 1990, les années 1991 à 1993 ont montré une chute du taux de croissance (0,6 ppmv par an, en 1992), ce phénomène étant particulièrement marqué dans l'hémisphère Nord. Des ralentissements de la croissance pendant quelques années avaient déjà été observés dans le passé, par exemple en 1973-74 ***(figure 1)*** avec cependant une amplitude moindre.

Ce ralentissement ne peut être attribué à une diminution de l'activité industrielle, les émissions liées à l'utilisation des combustibles fossiles étant estimées à 6.2 GtC par an pour l'année 1991 (Andres *et al.*, 1994). Cette valeur est supérieure au chiffre moyen 5.5 ± 0.5 GtC par an valable pour la décennie 1980-1989. L'explication de cette anomalie réside donc nécessairement dans une per-

1. ppmv : partie par million en volume.

turbation du cycle du carbone. Cependant, aucun phénomène géophysique ou biologique connu ne pourrait expliquer la persistance d'une telle réduction du taux de croissance pendant plus de quelques années. La coïncidence temporelle suggère l'existence d'un lien entre l'anomalie de 1991-1993 et les conséquences de l'éruption du mont Pinatubo en juin 1991. Il est en effet possible que cette anomalie soit due à la perturbation de la situation climatique mondiale, causée par l'éruption et affectant les écosystèmes terrestres et les eaux de surface océaniques.

La difficulté à laquelle nous sommes confrontés pour expliquer cette anomalie est de même nature que celle de la prédiction de l'évolution future de la concentration de CO_2 dans l'atmosphère en réponse à divers scénarios d'utilisation des combustibles fossiles : celle de la connaissance des échanges entre réservoirs.

Depuis 1994, on est revenu à des valeurs habituelles du taux de croissance du CO_2.

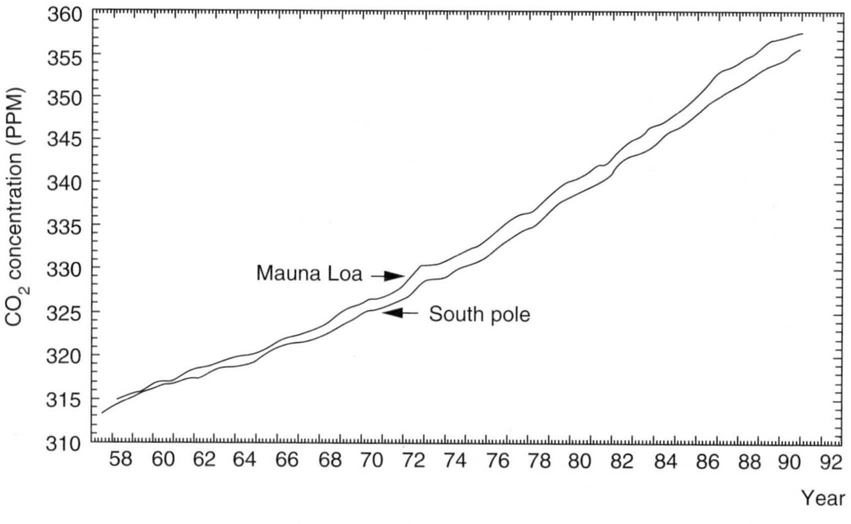

Figure 1

Evolution de la teneur moyenne en CO_2 de l'atmosphère au cours de la période 1958-1991 dans l'hémisphère Nord (station de Mauna Loa) et Sud (station du Pôle Sud) (d'après le rapport du GIEC)

2 LE CYCLE DU CARBONE

La figure 2 décrit quels sont les réservoirs qui interviennent dans le cycle du carbone ainsi que les estimations des flux annuels échangés entre eux, pour la période 1980-1989 (Siegenthaler et Sarmiento, 1993).

L'intérêt de cette figure est de bien illustrer la différence qu'il y a entre les valeurs des flux bruts échangés dans un sens comme dans l'autre entre les réservoirs, flux atmosphère-biosphère continentale, ou atmosphère-océan, qui sont de l'ordre de 100 GtC par an, et les flux nets résultant qui sont, au plus, de quelques GtC par an. L'imprécision sur les flux nets que l'on peut déduire de la soustraction des flux bruts est donc très importante.

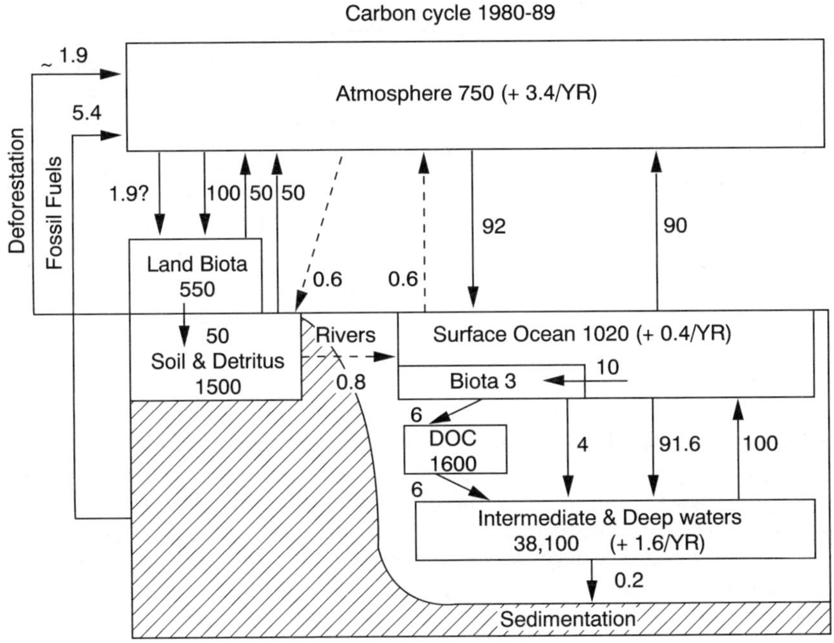

Figure 2

Les réserves de carbone et les flux échangés entre eux. La taille des réservoirs est exprimée en GtC (10^{15} g). Les flux sont exprimés en GtC par an (10^{15} g/an) (d'après Siegenthaler et Sarmiento, 1993)

Le tableau 1 suivant indique pour la période de référence 1980-1989 les valeurs des émissions anthropiques, l'accumulation dans l'atmosphère, les flux échangés entre l'atmosphère et l'océan et le résidu (rapport GIEC 1994).

Les émissions anthropiques engendrées par la consommation des combustibles fossiles sont estimées sur la base des données statistiques relatives à la production de ces derniers, à 5,5 ± 0,5 GtC par an, tandis que l'accroissement observé de la concentration du CO_2 dans l'atmosphère correspond, comme indiqué ci-dessus, à un flux de 3.4 ± 0.2 GtC par an.

L'océan représente le puits le plus important après l'atmosphère. Le flux correspondant est estimé par l'intermédiaire de modèles décrivant le transfert du gaz carbonique air-mer, l'interaction chimique avec le carbone océanique inorganique dissous et le transfert du carbone vers l'océan profond par des processus de transport et de mélange. Des modèles de circulation océanique générale à trois dimensions sont maintenant utilisés. Même si ces modèles présentent encore des défauts, leur validité peut être vérifiée en simulant la pénétration des produits radioactifs des explosions nucléaires aériennes et en comparant les résultats obtenus aux observations. Le flux absorbé par l'océan est ainsi estimé à 2.0 ± 0.6 GtC par an.

Tableau 1

Réservoir	Variation annuelle du stock du réservoir (en GtC par an)
Combustibles fossiles	– 5.5 ± 0.5
Atmosphère	+ 3.4 ± 0.2
Océan	+ 2.0 ± 0.6
Résidu équilibrant le bilan	+ 0.1 ± 0.8

Les échanges avec la biosphère continentale ne sont indiqués dans ce tableau 1 que par le terme résidu, faible, mais affecté d'une grande incertitude qui ne permet pas de savoir si la biosphère continentale doit être considérée comme un puits ou une source pour le CO_2 atmosphérique. Un récent travail de Skole et Tucker (1993) a permis d'établir à partir d'observations spatiales que, du fait de l'utilisation des terres et en particulier de la déforestation, la biosphère constitue une source de carbone pour l'atmosphère, caractérisée par un flux annuel de 1.3 ± 1.3 GtC par an. Le bilan des échanges biosphère continentale - atmosphère s'établit alors de la façon suivante :

$$\underset{\text{source}}{1.3 \pm 1.3} \quad + \quad \underset{\text{résidu}}{0.1 \pm 0.8} \quad = \quad \underset{\text{puits à identifier}}{1.4 \pm 1.6}$$

Il reste donc à identifier un puits capable de compenser cette nouvelle source ainsi que le résidu du bilan précédent.

L'existence d'un puits dans la biosphère terrestre est également suggérée par les désaccords entre les gradients inter-hémisphériques observés et calculés. L'effet de fertilisation associé à une augmentation du CO_2 dans l'atmosphère est un puits fréquemment invoqué dont l'efficacité réelle dépend beaucoup de l'eau et des éléments nutritifs disponibles. La déposition d'azote d'origine agricole ou industrielle permet d'autre part un développement de la végétation conduisant à un stockage supplémentaire de carbone dont l'estimation est de l'ordre de 0,2 à 1 GtC par an. Ces échanges atmosphère-biosphère restent très difficiles à évaluer de façon exhaustive.

Les chiffres indiqués dans ce rapport sont assez voisins de ce qui avait été indiqué dans le rapport de 1990. Toutefois, de nouvelles méthodes sont maintenant mises en œuvre et permettent d'espérer, dans les cinq années à venir, de réduire les marges d'incertitude. Il s'agit, en ce qui concerne les échanges avec la biosphère continentale, du développement de modèles non plus empiriques, mais fondés sur des processus d'émission et d'absorption, validés à partir des observations spatiales (indice de végétation).

En ce qui concerne les échanges avec l'océan, deux nouvelles méthodes ont été récemment proposées. La première exploite le rapport de la concentration en isotopes 13 et 12 du carbone. Elle est fondée sur le fait que ce rapport est plus faible dans les combustibles fossiles et la biomasse terrestre (moins 2,7 % par rapport à la valeur standard de 0,0111) que dans l'atmosphère (moins 0,8 % par rapport à la même valeur standard). Le déclin observé de ce rapport dans l'atmosphère au cours du siècle dernier, se propage dans le cycle du carbone et se retrouve dans les réservoirs de carbone océaniques et terrestres. Quay *et al.*, (1992) ont proposé de faire des mesures répétitives de profils verticaux du rapport $^{13}C/^{12}C$ dans le carbone océanique inorganique dissous qui, jointes aux observations de ce même rapport dans l'atmosphère, fournissent des contraintes permettant de distinguer les puits biosphériques océaniques et terrestres. Une autre contrainte sur le bilan du carbone océanique peut être déduite du déséquilibre isotopique entre l'air et la mer (Tans *et al.,* 1993).

Une autre approche prometteuse consiste à suivre, grâce à la mesure du rapport O_2/N_2, l'évolution de l'oxygène (Keeling *et al.*, 1992) qui est complémentaire du carbone, consommé par combustion et respiration et régénéré par photosynthèse. Une différence cruciale par rapport au carbone est que le réservoir océanique d'oxygène dissous est négligeable et n'a donc pas à être pris en compte dans l'établissement du bilan global. Les données obtenues depuis deux ans seulement sont encore insuffisantes pour qu'on puisse en déduire des indications fiables et précises sur le bilan des flux de CO_2 entre l'océan et l'atmosphère.

3 L'AVENIR DE LA CONCENTRATION DU CO_2 ATMOSPHÉRIQUE

L'association indubitable entre les émissions industrielles et la concentration du CO_2 atmosphérique implique, en dépit des incertitudes sur le bilan du cycle du carbone, que la consommation du carbone fossile continuera à entraîner un accroissement du gaz carbonique dans l'atmosphère. Le scénario A[1] proposé par le rapport du GIEC de 1992 pour l'évolution des émissions anthropiques est considéré comme le scénario de base. La prédiction, quant à l'évolution de la concentration en CO_2, est entachée d'erreurs dues à l'incertitude sur les puits océaniques encore imparfaitement modélisés et surtout sur les puits liés à la biosphère terrestre dont l'estimation terrestre reste grossière. L'erreur éventuellement due à ces derniers est limitée par les contraintes imposées par les mécanismes écologiques impliqués. Dans la figure 3, le flux océanique est considéré

1. Une base essentielle de ce scénario est constituée par l'évolution démographique et celle de la consommation de combustible fossile de ces populations futures.

comme égal à 2GtC/an (sa valeur estimée avec une marge d'erreur ± 0,6). Le flux du carbone terrestre, estimé à 1,4 ± 1,6 GtC/an, est supposé varier de 0 à 2,6 GtC/an pour les 4 courbes de la figure 3. La concentration en CO_2 en 2100 varie consécutivement de 800 à 600 ppmv.

On a par ailleurs étudié les conséquences de scénarios beaucoup plus contraignants quant à l'avenir des émissions anthropiques. A titre indicatif, une stabilisation des émissions à leur niveau de 1990 conduirait à un accroissement atteignant 450 ppmv en l'an 2100 et continuerait à croître au-delà, jusqu'à plus du double de la concentration pré-industrielle (285 x 2 = 570 ppmv).

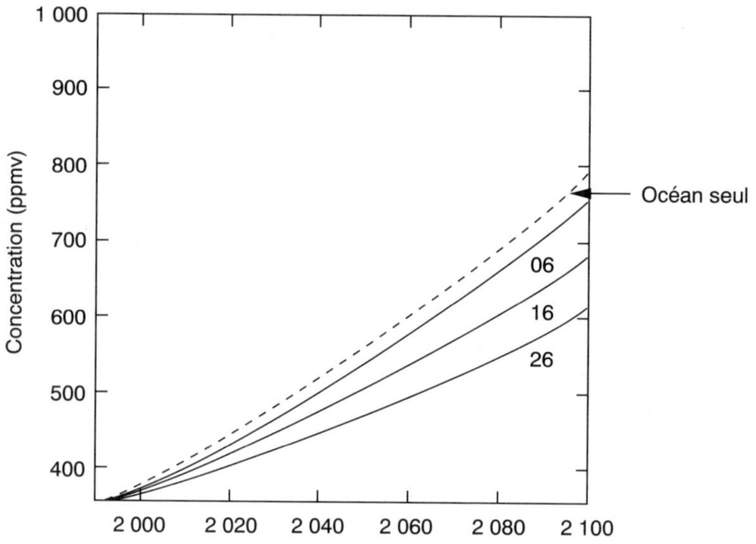

Figure 3

Evolution modélisée de la concentration du CO_2 dans l'atmosphère jusqu'en 2100 dans le cas du scénario d'émission IS92 (GIEC 1992). Le flux absorbé par l'océan est supposé égal à 2 GtC par an. Chaque courbe correspond à une valeur différente du flux absorbé par la biosphère terrestre qui est portée en cote, exprimée en Gt/an

CONCLUSION

L'accroissement de la concentration de CO_2 dans l'atmosphère s'est ralenti de 1991 à 1993, un phénomène d'une telle amplitude n'ayant jamais été observé depuis 1958, date depuis laquelle des mesures systématiques précises sont disponibles. Aucun phénomène géophysique ou biologique connu ne saurait expli-

quer un maintien d'un tel ralentissement dans la croissance du CO_2 *pendant plus de quelques années. L'explosion du Pinatubo est une des causes possibles de l'anomalie observée. Depuis 1994, la croissance du* CO_2 *a effectivement repris son rythme habituel.*

L'établissement du bilan des flux de carbone ne peut être fait que très grossièrement, à cause des imprécisions sur la modélisation des échanges avec l'océan et de l'absence d'une évaluation exhaustive des échanges avec la biosphère terrestre. Les résultats actuels continuent à suggérer l'existence d'un puits non identifié, probablement situé dans la biosphère terrestre, dont la capacité, de l'ordre de 1,5 GtC par an, n'est pas estimée à mieux que 100 % près.

Quelles que soient les incertitudes sur la modélisation du cycle du carbone, il demeure acquis que la concentration du CO_2 *atmosphérique ne réagit aux modifications des émissions qu'avec des constantes de temps de plusieurs décennies. Ces émissions auront un effet à long terme indéniable que nos capacités de prédiction ne nous permettent pas encore de décrire avec précision.*

CHAPITRE IV

Aérosols : origines et effets climatiques

Les aérosols, et particulièrement ceux que créent les activités humaines, représentent la plus grande source d'incertitude dans le calcul du forçage du climat. Ils interviennent sur le bilan radiatif par effet direct de rétrodiffusion du rayonnement solaire et infrarouge incident et par effet indirect, en modifiant l'albédo des nuages stratiformes pour lesquels ils fournissent des noyaux de condensation. L'accroissement de leur teneur atmosphérique provoque un refroidissement qui pourrait masquer en partie le réchauffement escompté de l'augmentation de l'effet de serre. En outre, leurs propriétés surfaciques leur confèrent un rôle important dans les équilibres hétérogènes microphysiques et chimiques de l'atmosphère. De ce fait, ils peuvent aussi agir sur le bilan radiatif atmosphérique par un jeu complexe de rétroactions favorisant la disparition ou l'accumulation d'espèces oxydantes (OH, O_3,...).

Les sources d'aérosols sont multiples et de leur nature dépendent le type et l'amplitude de leurs effets. Les embruns marins de diamètre moyen important (> 1 μm) se redéposent essentiellement à proximité des zones de production : leur temps de résidence dans l'atmosphère est donc faible et leur influence sur le bilan radiatif minime. La source éolienne produit également des aérosols terrigènes dont la fraction fine a un impact radiatif significatif. Les sources biogéniques produisent des composés gazeux dont certains, tels que le sulfure de diméthyle (DMS), l'ammoniac (NH_3), et des hydrocarbures réactifs, s'oxydent dans l'atmosphère et forment des particules hygroscopiques très petites, susceptibles de servir de noyaux de condensation. Enfin, les activités humaines produisent des particules formées de carbone et de soufre en quantité surpassant les émissions biogéniques. En bilan net, les sources les plus importantes sont les émissions naturelles de composés soufrés et les combustions.

1 LE CYCLE NATUREL DES COMPOSÉS SOUFRÉS

Dans l'atmosphère libre, le composé soufré le plus abondant est l'oxysulfure de carbone (COS) dont la concentration moyenne est 500 pptv[1]. Cependant, cette molécule est relativement stable dans la troposphère et intervient peu dans le bilan radiatif. Au contraire, bien que n'étant présents qu'à l'état de trace, d'autres composés soufrés tels le dioxyde de soufre (SO_2) et le sulfure de diméthyle (DMS) jouent un rôle important, parce qu'ils subissent des transformations physico-chimiques complexes dont les produits finaux sont des aérosols submicroniques.

Parmi les diverses sources de soufre dans l'atmosphère (***tableau 1***, où les données relatives aux volcans correspondent au fond continu, hors grandes éruptions), les activités humaines sont de loin les plus importantes et représentent environ 70 % des émissions globales sous toutes les formes de composés chimiques. La seule source naturelle biogénique significative résulte de l'émission à l'interface air-mer de DMS produit par le plancton. Elle est prépondérante dans l'hémisphère sud et, probablement, au dessus de toutes les zones océaniques éloignées des sources de pollution. Le SO_2 émis par les sources anthropiques et volcaniques est associé dans les panaches à de nombreux aérosols et à d'énormes quantités de vapeur d'eau qui se condense en se refroidissant. Comme il est très soluble dans l'eau et très réactif en phase hétérogène, une large fraction du soufre ainsi émis est rapidement oxydée et déposée à proximité des lieux d'émission. C'est pourquoi, en dépit de leur flux modeste, les composés soufrés biogéniques pourraient avoir un effet significatif sur le bilan radiatif planétaire et leur production serait susceptible de varier lors de changements climatiques. Afin de déterminer les interactions entre le cycle naturel du soufre et le climat, il est nécessaire de comprendre les processus régissant la production de DMS dans l'eau de mer, les échanges océan-atmosphère, les mécanismes d'oxydation atmosphérique du DMS et sa transformation en aérosols.

1. pptv : partie par trillions en volume.

Tableau 1
Principales sources de soufre gazeux dans l'atmosphère (d'après (1) Varhely (1985) et (2) Bates et al. (1992))

Sources majeures		Principal gaz émis	Flux hem. nord (10^9 molS /an)[1]	Flux hem. sud (10^9 molS /an)[1]	Flux global (10^9 molS /an)[1]
Anthropogénique	Combustion de fuels fossiles	SO_2	1 780	200	1980 (1)
	Industries	SO_2	450	25	475 (1)
	Combustion de biomasse	SO_2	60	60	120 (1,2)
Biogénique		DMS	224	308	532 (2)
Volcanique		SO_2	265	105	370 (2)

1.1 Processus contrôlant la concentration de DMS dissous dans l'eau de mer

La production de DMS dans l'eau de mer est le fruit de processus biologiques complexes conduisant au clivage du diméthylsulfoniumpropionate (DMSP : $(CH_3)_2 - S^+ - (CH_2)_2 - COO^-$), synthétisé par les cellules phytoplanctoniques. Le taux de production de DMSP diffère suivant les espèces phytoplanctoniques, mais les concentrations de DMS dissous dans les eaux superficielles ne sont pas liées à la distribution de ces espèces (Bates and Cline, 1985 ; Bürgermeister *et al.*, 1990). Ce sont surtout l'état physiologique du phytoplancton (Nguyen *et al.*, 1988), le broutage par le zooplancton (Dacey and Wakeham, 1986 ; Belvison *et al.*, 1991) et la dégradation du DMSP dissous dans l'eau de mer par des bactéries qui semblent être les principaux facteurs conduisant à la production de DMS dissous. Enfin, le DMS est dégradé par l'activité bactérienne et, dans une moindre mesure, par des processus physico-chimiques (Kiene et Bates, 1990). La quantité de DMS disponible dans l'eau de mer pour les échanges océan-atmosphère est donc avant tout contrôlée par la biologie.

Des pics saisonniers de concentration de DMS liés aux efflorescences planctoniques ont été mis en évidence dans l'Océan Pacifique, la Mer du Nord et l'Océan Indien (Bates *et al.*, 1987 ; Turner *et al.*, 1988 ; Nguyen *et al.*, 1990). Cependant, l'influence des changements de la température, de l'insolation, et de

1. mol : molécule-gramme.

la circulation océanique sur les mécanismes biologiques de production de DMS n'est toujours pas connue. Il n'est donc pas encore possible de déterminer l'impact d'éventuels changements climatiques sur sa concentration dans l'eau de mer.

1.2 Flux océan-atmosphère de DMS

Le flux de DMS émis à la surface de l'océan est évalué en multipliant le gradient de concentration entre l'eau de mer et l'atmosphère, par un coefficient d'échange noté K_w fonction de la vitesse du vent et de la température de l'eau. Si l'incertitude sur les concentrations mesurées est généralement inférieure à 10 %, aucune mesure directe ne permet de déterminer l'incertitude sur K_w et donc sur le flux local et instantané de DMS. En effet, le K_w est généralement estimé à partir de la relation de Liss et Merlivat, (1986) synthèse de résultats obtenus au cours d'expériences effectuées avec de l'eau douce en soufflerie. Cette paramétrisation semble en bon accord avec les valeurs moyennes de Kw obtenues lors d'expériences de terrain, au cours desquelles les flux d'autres gaz (Radon, SF_6) ont été déterminés par des méthodes indépendantes. Cependant, des travaux récents suggèrent que le coefficient d'échange ainsi obtenu pourrait être sous-estimé d'un facteur 1,6 à 2 (Erickson, 1993). L'évaluation du flux global de DMS fait l'objet d'incertitudes supplémentaires du fait du manque de mesures dans de vastes régions océaniques et de modèles réalistes décrivant les variations de concentration du DMS dissous. Les valeurs présentées dans le tableau 1 sont donc probablement entachées d'erreurs importantes (Andrae, 1986 ; Bates *et al.*, 1992a).

1.3. Devenir du DMS dans l'atmosphère

Les mécanismes d'oxydation du DMS sont très complexes et régulièrement reconsidérés à la lumière de résultats obtenus en chambre de simulation (Yin *et al.*, 1990 ; Barnes *et al.*, 1991). L'étape limitante est l'attaque par le radical OH. La constante cinétique admise pour la réaction DMS + OH est $k = 6{,}3.10^{-12}$ cm^3 molécule^{-1} s^{-1} (Hynes *et al.*, 1986), correspondant à un temps de vie troposphérique du DMS variant de 2,6 à 10,8 jours dans les zones océaniques non polluées des moyennes latitudes. Cependant, des valeurs sensiblement plus élevées, atteignant $9{,}8.10^{-12}$ cm^3. molécule^{-1}.s^{-1} ont été également obtenues (Cox et Scheppard, 1980).

Les produits d'oxydation du DMS détectés en chambres de simulation sont le SO_2, l'acide méthane sulfonique (MSA), le $DMSO_2$ et l'acide sulfurique H_2SO_4 ***(tableau 2)***. Ces composés ont également été observés en atmosphère marine où leurs proportions semblent varier avec les caractéristiques oxydantes de l'atmosphère et la température de l'air (Nguyen *et al.*, 1992 ; Putaud *et al.*, 1992 ; Mihalopoulos *et al.*, 1993 ; Bates *et al.*, 1992b).

Les chemins réactionnels empruntés pour former les produits d'oxydation du DMS gouvernent le nombre et la distribution de taille des particules formées. La formation de SO_2 dont une fraction importante s'oxydera en phase aqueuse ou à la surface d'aérosols, ne contribuera qu'à la croissance de particules préexistantes. En revanche, la production d'acide méthane sulfonique ou d'acide sulfurique en phase gazeuse est susceptible de produire, par nucléation homogène bimoléculaire, de nouvelles particules. C'est dans ce contexte que l'oxydation atmosphérique du DMS peut avoir un impact sur l'albédo des nuages stratiformes au-dessus des océans.

Tableau 2

Produits d'oxydation du DMS en chambres de simulation atmosphérique

Conditions initiales	Pourcentages de produits formés (en % mol)				Références
	SO_2	MSA	H_2SO_4	$DMSO_2$	
Air humide (36 %) $[NO_x]/[DMS] = 0,5$	29 %	> 50 %			Hatakeyama *et al.*, 1985
Air humide (50 %) $[NO_x]/[DMS] > 0,6$	66 %	4,2 %	3,8 %		Yin *et al.*, 1990
Air humide (50 %) $[NO_x]/[DMS] < 0,3$	63 %	2,4 %	2,5 %		Yin *et al.*, 1990
Air sec $[NO_x] = NO_x > 0,5$	23 à 30 %	> 50 %	< 2 %		Yin *et al.*, 1986
Air sec $[NO_x] = 0$	70 %	< 6 %		≈ 20 %	Barnes *et al.*, 1991

2 LES AÉROSOLS DE COMBUSTION

La formation de particules de combustion résulte soit de l'émission de noyaux carbonés par éjection directe de matière, soit de la décomposition de l'oxyde de carbone ($2\ CO \rightarrow C + CO_2$) (Goldberg, 1985). Très rapidement, ces noyaux adsorbent certains gaz émis simultanément : vapeur d'eau, gaz organiques, espèces azotées et soufrées. Parmi les nombreuses réactions de condensation ou de transformations hétérogènes qui se produisent à la surface des noyaux carbonés, une des plus importantes est l'oxydation du SO_2 (Langner *et al.*, 1992), dont la vitesse est estimée à 1 % par heure. La plus grande partie du soufre se retrouve donc rapidement piégée sous forme d'une pellicule de sulfate solide qui enrobe les noyaux carbonés et le devenir de ces 2 espèces, carbone et soufre, est ainsi irrémédiablement lié dans l'atmosphère.

2.1 Sources de carbone particulaire

Comme pour le soufre, les activités de combustion anthropiques constituent aujourd'hui la source majeure de carbone particulaire ***(tableau 3)***. Chaque année, des quantités sensiblement équivalentes, respectivement voisines de $4{,}7.10^{12}$ kgC et $4{,}0.10^{12}$ kgC, sont brûlées dans des combustions industrielles et de biomasse végétale (feux de forêts, feux agricoles ou domestiques). Cependant, l'intensité des émissions particulaires dépend de la qualité de la combustion : humidité et nature du fuel employé, oxygénation et température du feu ***(tableau 4)***. C'est pourquoi les combustions industrielles, qui dans les pays développés subissent un contrôle rigoureux, émettent deux fois moins de particules que les feux de biomasse.

Les émissions naturelles d'origine marine et l'érosion éolienne des sols produisent très peu d'aérosols carbonés submicroniques, seuls susceptibles d'être véhiculés dans la troposphère et d'avoir un intérêt géochimique. La source végétale continentale produit un aérosol fin par oxydation de composés organiques gazeux de type isoprénique[1] ou terpénique[2], mais son importance diminue fortement du fait des déforestations massives et irréversibles en zone équatoriale (Levine, 1991).

Tableau 3

Emissions particulaires carbonées (aérosols fins) (d'après Cachier, 1994)

Source	Flux annuel (10^9 kgC/an)	Remarques
Sources naturelles		
Océan	ε	Particules en modes grossier ; pas d'importance géochimique
Sols	1	Particules en mode grosser ; pas d'importance géochimique
Végétation	11 ± 3	Aérosol secondaire
Combustions		Les émissions dépendent à la fois de la quantité de C brûlée et du facteur d'émission (voir tableau 2)
Industrielles	22 ± 3	$4{,}7.10^{12}$ kgC brûlés, ≈ 90 % aux latitudes tempérées
Feux de biomasse	43 ± 16	
Forêt	14 ± 3	$0{,}7.10^{12}$ kgC brûlés, 80 % dans la ceinture intertropicale
Savane	14 ± 5	1,6.1012 kgC brûlés, 50 % sur le continent africain
Feux agricoles et domestiques	15 ± 8	1,5.1012 kgC brûlés, 80 % dans la ceinture intertropicale Ces estimations sont incertaines et peuvent interférer avec celles des feux de savane et forêt

1. Isoprène : hydrocarbure insaturé à 5 atomes de carbones (C_5H_8) qui, avec ses dérivés d'oxydation, constitue l'essentiel des émissions naturelles de la végétation.
2. Terpènes : familles d'hydrocarbures insaturés à 10 atomes de carbone ($C_{10}H_{16}$), cycliques ou non qui comme leurs dérivés d'oxydation sont caractérisés par une odeur très agréable (« huiles essentielles ») et constituent les principaux produits d'émissions naturelles des arbres résineux.

Tableau 4
Facteur d'émission en carbone particulaire des différentes sources de combustion

Source	Carbone-suie (gC/kgC_{fuel})	Carbone-total (gC/kgC_{fuel})	Référence
Gaz naturel	0,0003	0,0012	Crutzen *et al.*, 1984
Fuel lourd	0,02	0,08	Crutzen *et al.*, 1984
Essence	0,02	0,08	Crutzen *et al.*, 1984
Kérosène	1	4	Crutzen *et al.*, 1984
Diesel	2	7	Crutzen *et al.*, 1984
Charbon	4	11	Rosen and Hansen, 1984
Feu de forêt	0,2	2	Cachier *et al.*, 1994
Feu d'herbage	0,1	0,8	Cachier *et al.*, 1994

La répartition géographique des sources accuse une grande dissymétrie car 90 % des activités humaines sont concentrées dans l'hémisphère Nord. Les combustions industrielles sont principalement localisées dans les pays développés aux latitudes tempérées et ne présentent pas de variabilité au cours de l'année. Les combustions de végétation sont concentrées dans la ceinture intertropicale et pour moitié sur le continent Africain (Crutzen and Andreae, 1990). Elles sont caractérisées par une saisonalité marquée. Les feux des forêts tempérées et boréales ***(figure 1)*** représentent moins de 20 % de la combustion de la biomasse végétale et présentent une variabilité interannuelle importante : ils sont déclenchés naturellement et leur extension dépend fortement des conditions météorologiques.

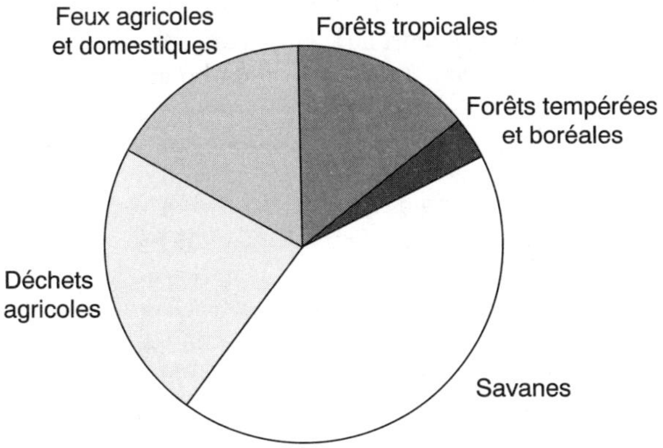

Figure 1
Contribution relative des différentes sources de combustion de la biomasse végétale : la masse totale de matière sèche brûlée est de 8 700 Tg, soit 4 000 Tg de carbone (d'après Cachier, 1992)

Si les évaluations de flux de particules résultant des activités industrielles sont maintenant satisfaisantes, celles des feux de biomasse demeurent incertaines. Malgré l'apport de l'imagerie satellitaire, trop d'incertitudes demeurent encore sur les surfaces brûlées en zone tropicale, la quantité de végétaux soumise au feu et l'efficacité de la combustion dans les différents écosystèmes. La marge d'erreur atteint vraisemblablement un facteur 2 (Lacaux *et al.*, 1992).

2.2 Composition des particules de combustion

2.2.1 LA FRACTION CARBONÉE

Les particules carbonées sont constituées d'une fraction organique toujours majoritaire et d'une fraction colorée, très polymérisée, appelée carbone-suie (Wolf and Klimisch, 1982 ; Novakov 1989). Cette dernière est très résistante aux agressions chimiques et constitue un traceur de choix de la dispersion troposphérique des effluents particulaires de combustion.

L'origine des particules présentes dans l'atmosphère peut être déterminée par la composition isotopique du carbone : le rapport $^{13}C/^{12}C$ permet de distinguer les aérosols d'origine marine de ceux formés sur les continents tandis que l'activité ^{14}C différencie le carbone ancien (combustibles fossiles) du carbone contemporain. L'abondance du carbone-suie au sein de l'aérosol carboné dépend de la qualité de la combustion : une combustion franche produit en effet plus de carbone-suie que de carbone organique, ce dernier étant émis massivement par des processus de basse température s'apparentant à la pyrolyse ***(tableau 5)***.

Tableau 5

Traceurs d'origine du carbone particulaire (d'après Cachier, 1994)

Source	Composition isotopique ($\partial^{13}C$ par rapport au carbone total)*	Abondance (%) du carbone-suie ($\partial^{13}C$ par rapport au carbone total)	Activité ^{14}C**
Marine	– 20 ± 3	0	Variable
Sols	– 23 ± 2	0	Variable
Végétation	– 23 ± 2	0	Moderne ou plus
Combustions industrielles	– 26 ± 2	25 ± 5	0
Combustions de biomasses végétale			
Plantes C3 (arbres)	– 29 ± 3	6 ± 4	Moderne ou plus
Plantes C3 (herbes)	– 29 ± 3	17 ± 6	Moderne
Plantes C4 (herbes savane)	– 20 ± 2	17 ± 6	Moderne

* La variation de la composition isotopique est exprimée en ‰ par rapport à un échantillon, pris comme référence internationale : échelle PBD.

** L'activité ^{14}C des arbres peut être supérieure à l'activité moderne, parce que le pic d'activité dû aux explosions nucléaires aériennes des années 1960 y est enregistré.

Ces aérosols contiennent également des éléments traces et des molécules organiques aromatiques caractéristiques du combustible (Gaudichet *et al.*, 1994). Ainsi, certains effluents industriels sont riches en plomb ou vanadium, tandis que ceux des feux de biomasse sont enrichis en potassium. Cette signature permet de suivre le devenir des diverses émissions en océan ouvert, à plusieurs milliers de kilomètres des côtes.

2.2.2 *INFLUENCE DE LA NATURE HÉTÉROGÈNE DES PARTICULES DE COMBUSTION*

Les réactions de condensation ou de transformations hétérogènes qui se produisent à la surface des noyaux carbonés n'affectent pas significativement la taille des particules, mais elles déterminent leur comportement et leur rôle dans la chimie de l'atmosphère. L'absorption de vapeur d'eau et d'espèces organiques conduit ainsi les aérosols carbonés à véhiculer un cortège de polluants hors des zones sources. Le revêtement de surface transforme ces particules, à l'origine hydrophobe, en aérosols hydrosolubles susceptibles de provoquer la condensation de la vapeur d'eau atmosphérique et de jouer le rôle d'agent de nucléation nuageuse (Rogers *et al.*, 1991 ; Novakov et Penner, 1993).

Ces réactions modifient également les propriétés optiques des particules carbonées. Par exemple, un fin revêtement peut augmenter l'efficacité d'absorbant optique du carbone-suie, alors qu'un revêtement épais peut la diminuer d'un facteur 5 (Liousse *et al.*, 1993).

2.3 Dispersion atmosphérique et archivage des aérosols de combustion

Du fait de la multiplicité des sources et de leur granulométrie fine, les aérosols de combustions sont retrouvés dans des régions très éloignées, marines ou polaire. Les précipitations humides en constituent le principal mode de disparition (Ducret and Cachier, 1992) et gouvernent donc leur temps de résidence, qui est en moyenne de 7 jours dans la troposphère. Cependant, cette valeur masque une grande disparité saisonnière et spatiale, fonction du régime des précipitations (Ogren and Charlson, 1984).

Ces aérosols ont une vie trop courte pour passer d'un hémisphère à l'autre. Dans les zones les plus reculées, leur teneur représente un bruit de fond dont la valeur (10 fois plus importantes dans l'hémisphère Nord que dans l'hémisphère Sud) reflète la répartition dissymétrique des sources (Cachier, 1989). En outre, aux latitudes tempérées et subpolaires, ils sont principalement d'origine industrielle, tandis qu'ils résultent surtout de feux de biomasse aux basses latitudes. Les feux de végétation émettant peu de soufre, il est vraisemblable que les aérosols de combustion véhiculés dans ces deux bandes de latitude se différencient aussi par leur rapport C/S.

La grande inertie chimique alliée à une dispersion troposphérique importante et au pouvoir hydrophile confèrent au carbone-suie des propriétés exceptionnelles d'indicateur des combustions du passé, aussi bien dans les archives sédimentaires que glaciaires. La carotte EUROCORE prélevée récemment au centre du Groenland met en évidence l'accroissement des émissions industrielles mais révèle également pendant la période pré-industrielle un bruit de fond important de feux de végétation et d'énormes feux de la forêt boréale ***(figure 2)***.

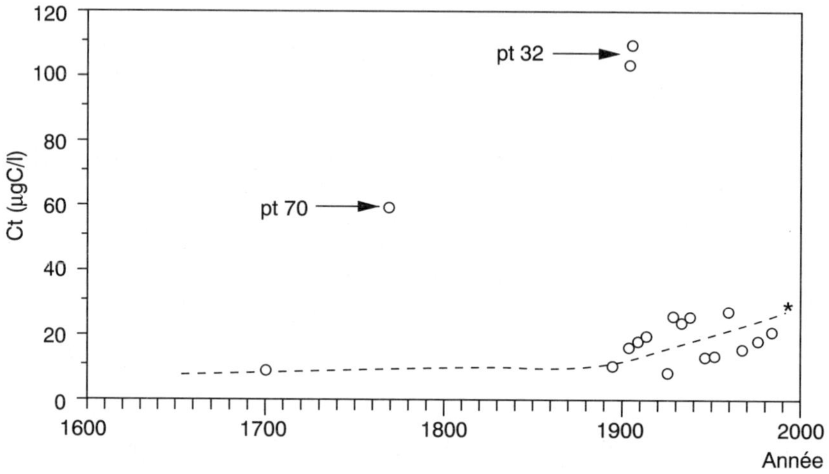

Figure 2

Carbone particulaire (Ct) dans la carotte EUROCORE prélevée au Groenland (* représente la neige récente) Pt 70 and Pt 32 échantillonnent 2 strates polluées par d'importantes feux de forêt boréale (d'après Cachier, 1994)

3 AÉROSOLS ET BILAN RADIATIF

Les aérosols provoquent un refroidissement de la troposphère soit de manière directe en réfléchissant le rayonnement solaire incident vers l'espace, soit indirectement en favorisant la nucléation des gouttelettes d'eau à leur surface et donc la formation des groupes nuageux. Le premier effet n'est important que dans les zones fortement polluées (principalement les régions industrialisées de l'hémisphère Nord), alors que le second peut également être significatif au-dessus des zones océaniques éloignées des continents. Par ailleurs, les aérosols de carbone-suie à indice de réfraction imaginaire élevé sont d'efficaces absorbants de la lumière. Ce phénomène peut prendre de l'importance en zone Arctique lors des phénomènes de pollution atmosphérique marquée ("Arctic haze") ou, en zone polluée, modifier l'albédo des nuages.

3.1 Effet direct

L'influence radiative des aérosols dépend de leur distribution dans l'espace et dans le temps et de leurs propriétés optiques. Celles-ci sont elles-mêmes dépendantes des caractéristiques microphysiques et chimiques des aérosols.

Les premières simulations (Charlson *et al.*, 1992 ; Hansen *et al.*, 1993 ; Kiehl et Briegleb, 1993 ; Taylor et Penner, 1994) ont surtout montré que le forçage radiatif des aérosols dépend très fortement des hypothèses faites quant à leurs propriétés optiques et qu'il est distribué de façon extrêmement inhomogène. Cette inhomogénéité est telle qu'une estimation du forçage des aérosols en moyenne globale est pratiquement dépourvue de signification, la réponse du système climatique à un forçage distribué de façon aussi fortement inhomogène pourrait en effet être quantitativement et qualitativement très différente de ce qu'elle serait pour un forçage uniforme. On ne les donne ici que pour souligner l'importance de l'influence que les aérosols sont susceptibles d'exercer sur le climat et les incertitudes considérables qui subsistent.

Les estimations actuelles placent ce forçage entre – 0,2 $W.m^{-2}$ et – 0,9 $W.m^{-2}$, l'hémisphère Nord étant de loin le plus affecté.

3.2 Effet indirect

Le bilan radiatif de la planète est très sensible à l'albédo des nuages qui lui-même est très sensible aux variations des dimensions des gouttes qui les composent, l'albédo diminuant avec la taille des gouttes. Puisque la condensation s'effectue exclusivement autour de noyaux de condensation préexistants, un accroissement du nombre de ceux-ci, toutes choses égales par ailleurs, pourrait conduire à une augmentation du nombre de gouttes, à une diminution de leur taille et finalement à une augmentation sensible de l'albédo des nuages. Les aérosols dérivés des sulfates anthropiques sont susceptibles de jouer ce rôle, particulièrement dans les régions océaniques où le nombre de noyaux de condensation est faible. L'influence d'un doublement hypothétique du nombre de gouttes des nuages des régions océaniques correspondrait à un forçage de l'ordre de 1 $W.m^{-2}$ (Charlson *et al.*, 1987).

Cet effet indirect pourrait encore être amplifié par la microphysique des nuages : la diminution de la taille des gouttes réduit la probabilité de précipitation et conduit à une augmentation de contenu en eau liquide des nuages et à un allongement de leur durée de vie. Ces deux effets résulteraient encore en une augmentation de l'albédo. Les modèles montrent une forte sensibilité à ces processus lorsque sont prises en compte les interactions complexes entre rayonnement, microphysique des nuages et précipitations. Si on suppose de façon arbitraire, pour paramétrer le phénomène, que le nombre des gouttes des nuages est multiplié par quatre, le modèle du LMD prédit (LE TREUT *et al.*, 1993) une augmentation de 17 $W.m^{-2}$, c'est-à-dire d'environ 35 %, du forçage radiatif des nuages aux courtes longueurs d'onde.

Quelques observations montrent effectivement qu'au moins dans certains cas, l'augmentation de la concentration des noyaux de condensation a un impact significatif sur l'albédo des nuages (Radke *et al.*, 1989).

3.3 Interactions entre le cycle naturel du soufre et le climat

De nombreuses observations indiquent que des augmentations du flux de DMS entraînent un accroissement de la concentration de noyaux d'Aitken[1] et de noyaux de condensation (Ayers *et al.*, 1991 ; Hegg *et al.*, 1991 ; Putaud *et al.*, 1993). Selon l'hypothèse de Charlson *et al.* (1987), une variation du flux océan-atmosphère de DMS pourrait entraîner une modification de l'albédo de la couche nuageuse stratiforme au-dessus des océans.

Cependant, de vastes incertitudes demeurent. La formule reliant la taille des gouttelettes d'un nuage à son albédo est bien connue, mais les mécanismes d'oxydation atmosphérique du DMS ainsi que les relations entre la masse de composés soufrés particulaires et le spectre de taille des gouttelettes d'un nuage sont mal comprises. En particulier, on ne dispose toujours pas de schémas d'oxydation atmosphériques réalistes du DMS rendant compte de la formation d'acide méthanesulfonique et d'acide sulfurique sans passer par le dioxyde de soufre. Il faudra ensuite que les modèles de germination et croissance en cours de développement (Raes et Van Dingenen, 1992), rendent compte des co-variations entre DMS, noyaux d'Aitken et noyaux de condensation observés au-dessus des océans. La paramétrisation de ces processus dans des modèles globaux permettra alors de quantifier la sensibilité de l'albédo de la couche nuageuse stratiforme au-dessus des océans aux variations du flux océan-atmosphère de DMS.

Si cet effet était sensible, on serait en présence d'une boucle de rétroaction biosphère-climat : la concentration de DMS émise dans l'atmosphère dépendant de l'activité biologique et des conditions régnant dans la zone euphotique est susceptible de varier en réponse à un changement climatique et pourrait conduire à une atténuation ou à une amplification de la perturbation initiale.

3.4 Le rôle des aérosols de combustion

La modélisation de l'impact radiatif des aérosols de combustion est récente (Penner *et al.*, 1992). La dissymétrie interhémisphérique très marquée de leurs zones de production et la distribution verticale des panaches constituent des paramètres critiques que seul un modèle de transport à 3 dimensions peut simuler de façon satisfaisante. En zone tropicale, l'atmosphère présente parfois une stratification complexe et la modélisation est rendue difficile par la variabilité de la hauteur d'injection des panaches de combustion.

---

1. Noyaux d'Aitken : particules atmosphériques de taille inférieure à 0,1 µm en diamètre issues de processus de nucléation (condensation d'espèces gazeuses) ou de coagulation (agglomération des plus petites particules).

La nature hétérogène des particules et leur forme irrégulière compliquent la paramétrisation de leur interaction avec le rayonnement : le calcul des paramètres optiques (coefficient d'asymétrie des particules et coefficient d'extinction spécifique) fait l'objet de révisions importantes mais n'est toujours pas en accord avec les observations expérimentales. Les modèles utilisés jusqu'à présent ne simulent que médiocrement la nature complexe des particules. Ils conduisent à des surestimations de l'impact radiatif direct des aérosols de combustion : – 0.4 à – 1 W/m^2 pour les sulfates anthropiques (Lelieveld et Heitzenberg, 1992 : Kiehl et Briegleb, 1993 ; Charlson *et al.*, 1992), et – 1 W/m^2 pour les noyaux carbonés de combustion (Penner *et al.*, 1992).

La modélisation de l'impact radiatif indirect des aérosols de combustion par modification de la couverture nuageuse est encore plus complexe. Elle suppose une étude statistique de la répartition spatio-temporelle des différents types de nuages, de leur épaisseur et de leur altitude. L'aptitude des particules de combustion à générer des noyaux de condensation suivant leur type et leur âge, ainsi que les propriétés optiques des gouttelettes nuageuses hétérogènes sont aussi très difficile à paramétriser. Jusqu'à présent ces problèmes ont été contournés et l'évaluation grossière de l'impact radiatif indirect des particules de combustion (– 1 $W/m^{2)}$, du même ordre de grandeur que leur impact direct, est à considérer avec précaution (Penner *et al.*, 1992).

CONCLUSION

La présence d'aérosols a un effet de refroidissement opposé à l'action des gaz à effet de serre. La complexité des phénomènes mis en jeu interdit, à l'heure actuelle, toute estimation précise de cet effet. Les émissions par combustion d'aérosols anthropiques risquent de croître dans les pays en voie de développement, en particulier en Asie. Par contre, à cause des réglementations mises en place, les émissions des pays industrialisés devraient décroître. En tout état de cause, la compensation par les aérosols des gaz à effet de serre ne saurait être parfaite. Leurs concentrations présentent, en effet, une hétérogénéité spatiale et temporelle importante car leur durée de vie est de l'ordre de la semaine, alors qu'elle est de l'ordre de l'année ou de plusieurs décennies pour les autres gaz à effet de serre. Par ailleurs, l'impact radiatif direct des particules s'applique plutôt aux courtes longueurs d'onde, si bien que l'activité des aérosols présente également une variabilité temporelle avec un maximum le jour et pendant la saison d'été.

CHAPITRE V

Rôle de la stratosphère et de ses perturbations sur le climat

Au cours des dernières années, la communauté scientifique a pris conscience du rôle que la stratosphère et les changements de composition qu'elle subit peuvent exercer sur le climat, notamment par l'impact qu'une prise en compte de la stratosphère avec une extension et un résolution suffisantes a sur les résultats des modèles. C'est ainsi que le groupe de travail I de GIEC/IPCC a organisé pour la première fois une réunion en 1993 sur le thème "L'impact sur le Climat des changements de l'ozone et des aérosols", en vue de préparer la révision du document GIEC de 1991. La rédaction de ce document tiendra évidemment compte du travail en cours sur l'ozone stratosphérique effectué dans le cadre du groupe de travail OMM/PNUE.

Certes la destruction de l'ozone stratosphérique par les CFCs est reconnue depuis plusieurs années comme une des manifestations les plus indiscutables de l'activité humaine, et c'est d'ailleurs la seule à avoir conduit à des mesures de protection à l'échelle internationale. Mais certaines des conséquences du changement de composition de la stratosphère n'ont retenu l'attention que depuis peu : notamment l'impact des changements de composition de la stratosphère sur le forçage radiatif de la troposphère, et les modifications dans la dynamique du système troposphère-stratosphère pouvant être produites par les changements qui en résultent quant à la structure de l'atmosphère.

De plus, l'éruption en juin 1991 du volcan du Mont Pinatubo aux Philippines a démontré qu'outre l'impact radiatif attendu d'un changement dans l'épaisseur optique des aérosols, ces derniers avaient eu sur la destruction de l'ozone un effet amplifié du fait de l'abondance actuelle des composés chlorés dans l'atmosphère. Un impact plus inattendu est celui observé sur la circulation de la basse stratosphère et plus particulièrement sur le changement de phase de l'oscillation quasi-biennale (QBO).

Parmi les différentes influences que la stratosphère peut exercer sur la troposphère et sur le climat, nous évoquerons ici trois aspects qui ont donné lieu soit à des observations, soit à des modélisations récentes.

a) Forçage radiatif sur le climat des changements de l'ozone stratosphérique induits par les CFCs

b) Impact de la pénétration accrue du flux UV solaire sur la chimie troposphérique et sur les flux disponibles à la surface.

c) Influence des éruptions volcaniques, en utilisant l'exemple du Pinatubo : effets chimiques, radiatifs et dynamiques :

- augmentation des composés soufrés favorisant les réactions de chimie hétérogène destructrice d'ozone dans la stratosphère,
- effet d'écran du rayonnement UV solaire conduisant à un refroidissement de la surface et à un réchauffement de la basse stratosphère,
- conséquence directe de l'augmentation de la concentration d'aérosols, retard à l'établissement de la phase Est du QBO[1] (Oscillation Quasi Biennale) et donc impact sur la circulation générale.

1 FORÇAGE SUR LE CLIMAT DES CHANGEMENTS DE L'OZONE STRATOSPHÉRIQUE

Au cours des dernières années, les observations de la diminution de l'ozone stratosphérique ont été utilisées pour calculer l'impact de ces perturbations de la composition stratosphérique sur le bilan radiatif du système troposphère-stratosphère. Il est clair que cela nécessite tout d'abord une connaissance précise des changements d'ozone stratosphérique. Alors que le rapport GIEC 1992 mentionnait surtout un effet à moyenne et haute latitudes, les résultats plus récents de SAGE II (McCormick *et al.*, 1992) suggèrent un effet également en région tropicale. Ces résultats restent cependant sujets à controverse.

Bien qu'il n'y ait pas un parfait accord quantitatif entre les résultats des modèles (Ramaswamy *et al.*, 1992 ; Wang *et al.*, 1992 ; Shine 1993), ils concluent tous à un forçage négatif avec les conséquences suivantes :

a) Un refroidissement moyen global de quelques 1/10 degrés C/décennie dans la haute troposphère et la basse atmosphère, refroidissement qui semble d'ailleurs être observé globalement par les radiosondages (0,4 °C/dec à 20 km, altitude où la plus importante diminution d'ozone est observée) (Miller *et al.*, 1992). Il faut remarquer que le refroidissement le plus fort (1 °C/dec) a été observé à moyenne latitude dans l'hémisphère Sud, ce qui suggère fortement un lien avec le "trou d'ozone" Antarctique (Oort & Liu 1993). Cette asymétrie dans la réponse des deux hémisphères a été modélisée grâce à un modèle 3D par Mahlman *et al.* (1994).

b) Un faible effet de refroidissement à la surface, correspondant à un forçage négatif de l'ordre de 0,05 à 0,1 W/m^2, c'est-à-dire très inférieur à la variabilité naturelle et d'une amplitude également inférieure à celle consécutive à l'augmentation de l'effet de serre. Il n'est donc pas question de pouvoir vérifier expérimentalement ces prévisions.

1. QBO : l'oscillation quasi-biennale correspond au changement de direction de la composante zonale des vents dans la basse stratosphère équatoriale et tropicale avec une période de 28 ± 4 mois.

L'amplitude des effets est, comme nous l'avons indiqué ci-dessus, sensible à la variation spatiale et temporelle des changements d'ozone total, mais également à la répartition verticale des variations, particulièrement lorsqu'elle se situent autour de la tropopause, où les tendances sont encore mal connues. Ces incertitudes sont en grande partie à l'origine de la dispersion dans les résultats des calculs d'impact.

Il faut noter qu'un forçage radiatif positif à la surface, attribuable à l'augmentation de l'ozone troposphérique pourrait être du même ordre de grandeur, mais de signe opposé au forçage dû à l'ozone stratosphérique (Schwarzkopf and Ramaswamy, 1993 ; Hauglustaine *et al.*, 1994). Des conclusions plus précises quant au signe même des deux effets conjugués nécessitent une meilleure connaissance des tendances du contenu d'ozone tant troposphérique que stratosphérique. De plus, il est probable que le changement de concentration de la vapeur d'eau dans la stratosphère ait un impact radiatif important, mais actuellement impossible à évaluer faute de données climatologiques, dans la basse stratosphère et la haute troposphère.

En résumé, le calcul exact du forçage radiatif consécutif au changement de l'ozone est fonction de la connaissance précise de l'amplitude et de l'altitude où se produisent les changements ainsi que de leur distribution en latitude et en fonction de la saison.

2 IMPACT DE LA PÉNÉTRATION ACCRUE DU FLUX UV SOLAIRE SUR LA CHIMIE TROPOSPHÉRIQUE ET SUR LES FLUX DISPONIBLES À LA SURFACE

La diminution de l'épaisseur de la couche d'ozone stratosphérique, réservoir principal qui contient 90 % de l'ozone atmosphérique, doit en principe conduire à une augmentation du rayonnement ultraviolet-B atteignant la troposphère. A partir des observations des variations à long terme de l'épaisseur de la couche d'ozone effectuées par l'instrument TOMS à bord du satellite Nimbus-7 au cours de la période 1979-1992, l'augmentation moyenne calculée du rayonnement ultra-violet correspondrait à une augmentation directe du forçage radiatif inférieure à 0.005 $W.m^{-2}$, qui peut donc être considérée comme non significative. Les conséquences importantes sur les équilibres atmosphériques de l'augmentation du rayonnement UV-B[1] sont donc les effets indirects liés au couplage chimie-climat.

1. UV : ultra-violet ; UV-B : de longueur d'onde 285 à 315 nm.

Le rayonnement ultra-violet représente en effet le principal responsable des réactions photochimiques troposphériques. Dans le domaine de longueurs d'onde compris entre 280 nm et 320 nm (3.88 à 4.43 eV), ce rayonnement est suffisamment énergétique pour casser les liaisons moléculaires des principaux constituants minoritaires de la troposphère (ozone O_3, dioxyde d'azote NO_2, peroxyde d'hydrogène H_2O_2, acide nitrique HNO_3). Les espèces ainsi formées par réaction de photo dissociation, radicaux hydrogénés OH et HO_2, monoxyde d'azote NO, sont extrêmement réactives et contrôlent de fait la capacité d'oxydation de la basse atmosphère. En conséquence, ces oxydants déterminent directement les concentrations et les temps de résidence dans la basse atmosphère de gaz à effet de serre comme le méthane, les hydrocarbures, dont les produits de substitution HCFC et HFC, et des constituants précurseurs de l'ozone, comme le monoxyde de carbone CO, le méthane ou les composés organiques volatils. En particulier, le radical OH, produit par photolyse de l'ozone et oxydation de la vapeur d'eau, joue un rôle déterminant dans la capacité "d'auto nettoyage" (self cleaning) de la troposphère, bien que ses concentrations maximales observées ne dépassent pas 10^6 radicaux. cm^{-3}. L'augmentation du rayonnement UV peut alors conduire à une modification des concentrations d'ozone dans la troposphère, et donc des concentrations des radicaux OH. Le signe de cette variation dépend des conditions chimiques locales, dans la mesure où le seuil de production d'ozone est directement lié à la concentration relative des oxydes d'azote NO_x (voir rapport n° 30 de l'Académie des sciences sur l'ozone et les propriété oxydantes de la troposphère, 1993).

Le premier problème à résoudre est celui de la détermination de la variation de l'irradiance solaire dans la troposphère et des constantes de photolyse, en particulier de celle de la photolyse de l'ozone, noté J_{03}, dans la mesure où ce processus photochimique est très sensible à une variation du rayonnement UV-B. L'augmentation calculée du rayonnement UV-B à la surface, intégré sur le domaine spectral pertinent pour l'initiation des mécanismes photochimiques, est compris entre 10 % et 20 % par décennie dans les régions de moyenne latitude des deux hémisphères (Madronich, 1992). Cela correspond à une augmentation moyenne en valeur absolue comprise entre 100 $J.m^{-2}.jour^{-1}$ et 250 $J.m^{-2}.jour^{-1}$. Cette augmentation est bien évidemment amplifiée dans les régions où la diminution d'ozone est plus importante, en particulier dans les régions de haute latitude de l'hémisphère Sud au cours du printemps austral. A partir de ces valeurs du rayonnement UV-B, il est alors possible de calculer l'augmentation de la vitesse de photolyse J_{03}, égale en moyenne globale à 4.0 ± 2.8 % par décennie (Madronich *et al.*, 1992). Cette augmentation est à nouveau plus importante dans l'hémisphère Sud, pour les raisons déjà explicitées (destruction accrue d'ozone au Pôle Sud).

Dans un deuxième temps, la détermination précise de la réponse à une augmentation du flux ultra-violet dans la troposphère implique l'utilisation d'un modèle photochimique, et les résultats obtenus sont bien évidemment sensibles au modèle utilisé. Ceux-ci peuvent être traduits par la sensibilité, S, de l'augmentation des concentrations du radical OH à la diminution de l'épaisseur de la couche d'ozone. Cette grandeur est influencée d'une part par l'augmentation directe de la vitesse de photolyse J_{03}, d'autre part par les mécanismes de relaxation liés aux processus chimiques, qui ne peuvent être quantifiés que par une modélisation interactive. Liu et Trainer (1988), à partir d'un modèle chimique unidimensionnel, et donc en négligeant les phénomènes de transport, ont calculé qu'un accroissement du rayonnement UV-B conduisait à une augmentation des concentrations en radical OH, et ce quelle que soit la concentration en NO_x. La grandeur S, définie précédemment est donc positive et varie de 0.9 pour les concentrations en NO_x inférieures à 100 pptv, à 0.3 pour des niveaux de concentration en NO_x élevés. Ce modèle simplifié conduit également à prédire une diminution des concentrations d'ozone lorsque la concentration relative des NO_x ne dépasse pas 100 pptv, et à une augmentation des concentrations d'ozone pour de plus fortes concentrations de NO_x, du fait de la conversion accélérée de NO en NO_2. Ces premières estimations sont compatibles avec les résultats de mesures de NO_x effectuées à la surface au Pôle Sud, au moment du minimum d'ozone stratosphérique, qui montrent effectivement une réduction des concentrations d'ozone dans une atmosphère où les concentrations en NO_x sont perpétuellement faibles (Schnelle *et al.*, 1991). A partir d'un autre modèle uni-dimensionnel appliqué à différentes conditions chimiques, Thompson *et al.*, (1990) mettent en évidence une diminution de l'ozone troposphérique dans toutes les régions considérées, la grandeur S, définie ci-dessus variant de 0.7 pour une atmosphère de type urbain (concentration en NO_x élevée) à 0.3 pour une atmosphère de type océanique. Enfin, les résultats préliminaires obtenus à partir de modèles bi-dimensionnels (Fuglestvedt *et al.*, 1994 ; Madronich et Granier, 1992 ; Lelieved et Crutzen, 1994), conduisent à des valeurs moyennes de S comprises également entre 0.5 et 1.0. L'ensemble de ces résultats semble donc cohérent et montre que les modèles prédisent actuellement une augmentation des concentrations en radical OH lorsque le flux UV-B s'accroît, mais l'amplitude de cette augmentation reste clairement à quantifier précisément.

En ce qui concerne l'ozone troposphérique, ces mêmes modèles indiquent que les concentrations diminuent en moyenne lorsque la concentration en radical OH augmente (Fuglestvedt *et al.*, 1994 ; Liu et Trainer, 1988 ; Thompson *et al.*, 1990). Cette variation reste cependant très sensible aux conditions locales et dans certaines régions, comme les régions de haute latitude de l'hémisphère Nord, l'accumulation de précurseurs de l'ozone (NO_x) au cours de l'hiver peut entraîner une augmentation simultanée des concentrations des radicaux OH et de l'ozone au printemps. Enfin, en ce qui concerne le peroxyde d'hydrogène, H_2O_2, autre espèce oxydante de la troposphère, les résultats préliminaires des modèles bi-dimensionnels montrent que sa concentration augmente comme celle du radical OH, en réponse à une augmentation du rayonnement ultra-violet.

L'importance d'une variation des concentrations troposphériques du radical OH dans la problématique de l'effet de serre additionnel est directement liée au fait que la réaction d'oxydation par ce constituant constitue le puits dominant du méthane et des hydrocarbures, dont les HCFC et les HFC, et détermine donc directement la concentration et la durée de vie de ces constituants dans la basse atmosphère. L'augmentation calculée par les modèles des concentrations en radical OH conduit alors à une diminution des concentrations du méthane et des hydrocarbures, et donc à un effet de contre-réaction négatif sur le forçage radiatif. Par ailleurs, la diminution moyenne des concentrations d'ozone produit également un effet de contre-réaction négatif. Dans le cas du méthane, on observe sur la période 1980-1990 une diminution du taux d'accroissement des concentrations dans l'atmosphère de l'ordre de 6 à 7 ppvb.an^{-1}, puisque ce taux d'accroissement était de 18 à 20 ppbv.an^{-1} en 1980 et de 12 à 14 ppbv.an^{-1} en 1990 (WMO, 1992). La prise en compte de l'augmentation de la pénétration du rayonnement solaire sur la même période conduit à estimer l'effet négatif induit sur l'accroissement du méthane à une valeur comprise entre 2 ppbv.an^{-1} (Fuglestvedt *et al.*, 1994) et 6.8 ± 4.8 ppbv.an^{-1} (Madronich et Granier, 1992). Il est donc possible qu'une part significative du ralentissement de la tendance positive d'augmentation du méthane, observée au cours des dernières années, puisse être attribuée à l'effet de l'augmentation du rayonnement UV, mettant ainsi en évidence l'impact de la pénétration accrue du flux solaire ultra-violet sur les équilibres chimiques de la troposphère. Il ne peut s'agir toutefois que d'une simple hypothèse, dans la mesure où, d'une part cet effet est particulièrement sensible au scénario, aujourd'hui encore inconnu, d'évolution du rayonnement UV, et d'autre part la diminution observée du taux d'accroissement du méthane présente une très forte asymétrie entre les deux hémisphères, l'augmentation maximum étant observée dans les hautes latitudes de l'hémisphère Nord.

En conclusion, l'effet direct en terme de forçage radiatif de l'augmentation de la pénétration du rayonnement solaire dans la troposphère du fait de la diminution de la couche d'ozone stratosphérique est limité à un effet positif de quelques millièmes de W.m^{-2} et peut donc être considéré comme négligeable. En revanche, les effets indirects, liés au couplage des mécanismes chimiques et climatiques, tels qu'ils sont actuellement modélisés, conduisent à prédire un effet de contre-réaction négatif sur le forçage radiatif, qui doit encore être quantifié avec précision.

3 INFLUENCE DES ÉRUPTIONS VOLCANIQUES, EN UTILISANT L'EXEMPLE DE L'ÉRUPTION DU PINATUBO : EFFETS CHIMIQUES, RADIATIFS ET DYNAMIQUES

A la différence des aérosols troposphériques, les aérosols stratosphériques sont soumis à des changements rapides lors d'éruptions volcaniques importantes, qui peuvent augmenter la charge en masse d'un facteur 100 ou plus. La quantité d'aérosols sulfatés (H_2SO_4/H_2O) dans la stratosphère en 1979 est estimé avoir été de 0,5 10^{12}g, vraisemblablement représentative du fond continu moyen. L'éruption du Pinatubo (15,1°N, 120,4°E) a produit environ 30.10^{12} g de nouveaux aérosols, environ 3 fois plus que l'éruption précédente du El Chichon. Cette perturbation semble être la plus grande du siècle, et sans doute la plus importante depuis l'éruption du Krakatoa en 1883.

3.1 Augmentation des composés soufrés favorisant les réactions de chimie hétérogène destructrice d'ozone dans la stratosphère

L'éruption du Pinatubo a permis pour la première fois de caractériser chaque étape de l'effet des éruptions massives sur la chimie de la stratosphère. Grâce à la disponibilité des satellites SAGE et UARS, ainsi qu'à la simultanéité des observations sols et aéroportées il est possible d'avoir une vision exhaustive des principales transformations chimiques, depuis l'injection du dioxyde de soufre SO_2 jusqu'à la mise en évidence d'une destruction importante de l'ozone.

L'instrument MLS à bord d'UARS (Read *et al.*, 1993) a d'abord observé l'évolution des quelques 20 Mt[1] de soufre injectés dans la basse stratosphère. Environ 30 jours après l'éruption le SO_2 a été éliminé par oxydation et formation d'acide sulfurique hydraté : H_2SO_4/H_2O. Ces aérosols ont ensuite diffusé hors de la ceinture équatoriale où ils avaient été injectés pour atteindre les latitudes moyennes et polaires (McCormick, 1992).

Au fur et à mesure de la formation et de l'envahissement de la basse stratosphère par ces aérosols une réduction importante du contenu en oxyde d'azote NO_2 a été constatée (Johnson *et al.*, 1992), en accord avec les travaux de laboratoire qui montrent l'oxydation du radical N_2O_5 en HNO_3 sur les particules H_2SO_4/H_2O. Le piégeage des oxydes d'azote se fait donc par la suite de réactions :

$$NO_2 + O_3 \longrightarrow NO_3 + 0_2$$
$$NO_3 + NO_2 + M_3 \longrightarrow N_20_5 + M$$
$$N_20_5 + H_2SO_4/H_2O_3 \longrightarrow (2\ HNO_3)/H_2O$$

Parallèlement des quantités importantes de chlore actif sous forme ClO ont été mesurées aux latitudes moyennes dans les masses d'air chargées en aérosols (Dessler *et al.*, 1993, Toohey *et al.*, 1993). Ces observations sont également compatibles avec l'hypothèse suivant laquelle $ClONO_2$ et HCl peuvent réagir à la surface des aérosols pour libérer le chlore sous forme Cl_2 précurseur de Cl et ClO.

L'ensemble de ces mesures est simulée par des modèles qui prennent en compte à la fois la dynamique et la structure thermique de la stratosphère, et les principales réactions hétérogènes actives sur les aérosols stratosphériques (Lefèvre *et al.*, 1994).

Ces mêmes modèles (Brasseur et Granier, 1992 ; Lefèvre *et al.*, 1994) prédisent une destruction substantielle de l'ozone due à la présence de ces aérosols qui favorisent donc les cycles du chlore destructeurs de l'ozone aux dépens de celui des oxydes d'azote NO/NO_2. Les observations actuelles montrent qu'effectivement la quantité d'ozone a diminué très rapidement quelques mois après l'éruption du Pinatubo, de l'ordre de 4 % aux latitudes moyennes et jusqu'à 6 % à l'Equateur (Chandra, 1993). Un phénomène similaire avait eu lieu juste après l'éruption d'El Chichon.

1. Mt : millions de tonnes.

Cependant, on ne peut pas encore attribuer sans équivoque la diminution de l'ozone aux seuls effets chimiques induits par l'augmentation de la charge en aérosols due au Pinatubo. D'une part, on sait que la dynamique et donc le transport de l'ozone ont été affectés par l'éruption, et d'autre part, la destruction de l'ozone polaire (induite elle par la présence des nuages polaires stratosphériques) doit également avoir une signature sur les moyennes latitudes du fait de l'érosion continue des vortex polaires.

En conclusion, des progrès significatifs ont été obtenus dans notre compréhension des mécanismes de destruction de l'ozone dus à la chimie hétérogène, il reste néanmoins à quantifier ces processus à l'échelle globale. Dans cette optique la prochaine campagne d'observation européenne SESAME devrait nous apporter des éléments nouveaux pour mieux évaluer les interactions entre la chimie des hautes latitudes et le rôle des nuages polaires, et celle des latitudes moyennes chargées en aérosols.

3.2 Effet d'écran du rayonnement UV solaire conduisant à un refroidissement de la surface et à un réchauffement de la basse stratosphère

Le dioxyde de soufre injecté dans la stratosphère par l'éruption du Pinatubo combiné avec une grande quantité de vapeur d'eau a formé des particules d'acide sulfurique dont la présence contribue à réfléchir le rayonnement solaire vers l'espace et donc à refroidir la surface, tandis que l'absorption du rayonnement thermique dans la stratosphère la réchauffe. Ces deux phénomènes ont été observés. La figure 1 montre la variation de l'épaisseur optique des aérosols après l'éruption en région équatoriale.

Le calcul de l'effet des aérosols stratosphériques sur le bilan radiatif nécessite la connaissance de l'épaisseur optique ainsi que des caractéristiques (nature, indice de réfraction, rayon moyen) des aérosols. Ces paramètres sont assez bien connus pour qu'une estimation du signe et de l'amplitude de l'effet puisse être faite avec une bonne approximation. Au niveau de la tropopause, le forçage radiatif est estimé avoir atteint la valeur de – 4,5W/m^2 en début de 1992, alors que l'épaisseur optique était de 0,15 pour une longueur d'onde de 0,5 nm et que l'extension du nuage allait d'un pôle à l'autre.

L'éruption du Pinatubo a offert une occasion sans précédent pour établir une relation directe entre cause et effet climatique. Les modèles de circulation générale utilisant les valeurs précédentes pour perturbation indiquent qu'une telle charge d'aérosols devait entraîner une diminution de la température de surface d'environ 0,5 °C pendant une à deux années après l'éruption et une décroissance lente de l'effet au-delà.

Les observations de la température globale moyenne montrent une diminution à partir de la mi-1991 jusqu'à la fin 1992 d'environ 0,3 à 0,4 °C. Les données pour l'année 1993 ne sont pas encore disponibles et la poursuite ou non de ce refroidissement constituera un test important des modèles. A titre d'exemple, la figure 2 obtenue par Spencer et Christy (1992) à partir des mesures satellitaires de MSU illustre bien comment le changement a affecté quasi uniformément toutes les latitudes de 60°S à 45°N. On ne peut évidemment pas ignorer les autres sources de variabilité, notamment celles de même échelle temporelle, telle que l'ENSO dont l'apparition à la même époque que l'éruption d'El Chichon avait d'ailleurs perturbé l'interprétation des mesures. La situation semble plus simple à interpréter dans le cas du Pinatubo, d'autant plus que l'amplitude de l'effet est plus importante.

Les changements de température de la basse stratosphère en région tropicale ont été, comme prévus par les modèles (Rind *et al.*, 1992), d'une amplitude telle que leur détection a pu être faite dès la fin de 1991. Labitzke & McCormick (1992) ont en effet montré que la température à la pression de 30 hPa[1] s'était écartée de plus de 3 sigmas (σ : écart type, racine de la variance) de la moyenne des 26 années précédentes et cet échauffement correspond à des valeurs de 3 à 4 °C en moyenne zonale à 20°N. A 200 hPa, l'amplitude du réchauffement atteint 1,5 à 2 °C comme le montrent les résultats de Spencer and Christy (1992-1993) sur la figure 3. Cependant, la modélisation prévoit (Rind *et al.*, 1992) une situation inverse, c'est-à-dire un refroidissement de la basse stratosphère en zone polaire avec les conséquences que l'on peut en attendre sur l'occurrence accrue de PSC. On note sur la figure cette tendance, notamment au Pôle Nord, en dehors des périodes d'échauffements stratosphériques.

Les seuls résultats ayant montré que les perturbations dues à l'éruption avaient également atteint la haute stratosphère et la mésosphère proviennent de la surveillance climatologique effectuée par lidar en France dans ce domaine d'altitude (30-90 km). Il apparaît que la haute stratosphère se serait refroidie de 1,5 à 2 °C tandis que la mésosphère accuserait un réchauffement de 5 °C pendant les années 1992 et 1993 (Kechkhut, 1994). Ces résultats sont compatibles quant au signe avec les prévisions des modèles, mais avec une amplitude supérieure.

Nous verrons dans le paragraphe suivant que de tels changements de grande amplitude de la température atmosphérique peuvent contribuer à affecter la circulation générale.

3.3 Conséquence directe de l'augmentation de la concentration d'aérosols dans la stratosphère, retard à l'établissement de la phase Est du QBO (Oscillation Quasi Biennale) et impact sur la circulation générale

Tout d'abord, il convient de remarquer que les éruptions de Mt Agung et d'El Chichon s'étaient produites alors que la phase Ouest du QBO était déjà installée dans toute la basse et moyenne stratosphère, tandis que l'éruption du Pinatubo s'est produite pendant que le QBO était encore dans sa phase Est, excepté en dessous de 50 hPa.

1. hPa : hectoPascal ; c'est l'équivalent du millilar.

Dans les deux premiers cas, l'établissement de la phase Ouest du QBO n'avait pas semblé être affecté par les poussières volcaniques. La situation fut différente pour le Pinatubo : alors que le vent commençait à s'inverser au moment de l'éruption, la propagation de la phase du QBO a été totalement interrompue pendant les huit mois qui ont suivi au niveau de 50 hPa. Cet effet n'avait jamais été observé précédemment. De plus, l'établissement de la phase Ouest a été ralentie d'environ 5 mois au niveau 15-20 hPa, avec la présence d'un jet d'Ouest particulièrement violent (17,5 m/s/km) à cette altitude. Cet effet a pu être modélisé avec succès par C. Marquardt (1994) en tenant compte de l'advection verticale générée par les anomalies dans la circulation méridienne diabatique causée par le chauffage diabatique additionnel dû aux aérosols volcaniques. Dans la mesure où la circulation de la basse stratosphère tropicale, mais également à d'autres latitudes, est fortement influencée par la phase du QBO, cela représente donc un impact dynamique d'une éruption volcanique, phénomène jamais observé auparavant.

4 INFLUENCE DE L'ACTIVITÉ SOLAIRE SUR LA STRATOSPHÈRE, LA TROPOSPHÈRE ET LE CLIMAT

Des données nouvelles sur le changement du flux solaire sur le cycle de 11 ans et sur les changements à long terme d'étoiles d'âges et de nature proche du soleil ont apporté une vue différente des relations soleil-climat.

Grâce aux mesures du flux solaire effectuées par satellites en dehors de l'atmosphère, une variation de 0,1 % du rayonnement solaire total, considéré jusqu'alors comme constant, a été observée lors du dernier cycle solaire. D'autre part, des variations cycliques et apériodiques ont été observées sur des étoiles du type solaire. D'où récemment de nombreuses tentatives pour mettre en évidence un changement du rayonnement solaire pendant le minimum de Maunder[1] ; dépendant du mécanisme solaire mis en jeu, les amplitudes de ces changements se situent autour de 0,25 %.

Cependant, si on se souvient qu'un changement de 1 % est équivalent à un forçage radiatif de 2,4 Wm^{-2} au sommet de la troposphère (comparable à l'augmentation du forçage des gaz à effet de serre à ce jour), on constate que les amplitudes des variations mentionnées ci-dessus sont insuffisantes d'une part pour compenser l'effet de l'augmentation des gaz à effet de serre, et d'autre part pour expliquer le refroidissement observé pendant le petit âge glaciaire[2], à moins que des facteurs amplificateurs insoupçonnés à ce jour n'interviennent, notamment via un changement de la circulation océanique.

---

1. Période d'une centaine d'années centrée sur la deuxième moitié du 17e siècle, au cours de laquelle le nombre de taches solaires a été faible ou nul.
2. Période où le climat a été exceptionnellement froid et grossièrement contemporain du minimum de Maunder.

A noter également que dans la stratosphère, la réponse des modèles de circulation générale de l'atmosphère à une augmentation du flux entrant est à l'opposé de celle due à une augmentation du gaz carbonique. Alors que l'augmentation du CO_2 induit un refroidissement dans la stratosphère et une augmentation de l'ozone (Mahfouf *et al.*, 1993), l'augmentation du flux solaire entrant induit un faible réchauffement de la stratosphère moyenne et une diminution de l'ozone (Roer *et al.*, 1993).

Dans ce cadre, il convient cependant de mentionner que l'influence des cycles solaires sur l'atmosphère (haute troposphère, stratosphère et mésosphère, Labitzke and Van Loon, 1993, Hauchecorne *et al.*, 1991) est d'amplitude supérieure à toutes celles prévues par les modèles et que des processus dynamiques pourraient être à l'origine de ces désaccords. La question serait alors de savoir si ces processus peuvent influer, via la circulation de la basse troposphère, sur la température de surface.

CONCLUSION

Le refroidissement de la surface provoqué par l'ozone stratosphérique est relativement faible et pourrait être compensé par un réchauffement de même amplitude dû à l'ozone troposphérique. La pénétration accrue du flux UV solaire peut jouer un rôle important sur la chimie troposphérique, en y créant par photodissociation des espèces à fort pouvoir d'oxydation ce qui modifierait la concentration des gaz à effet de serre, donc leur forçage radiatif. Tous ces effets restent à l'heure actuelle très difficiles à quantifier. Les aérosols de la stratosphère, tels que ceux qui ont été injectés par l'explosion du Pinatubo en juin 91 peuvent avoir des effets observables pendant plusieurs années.

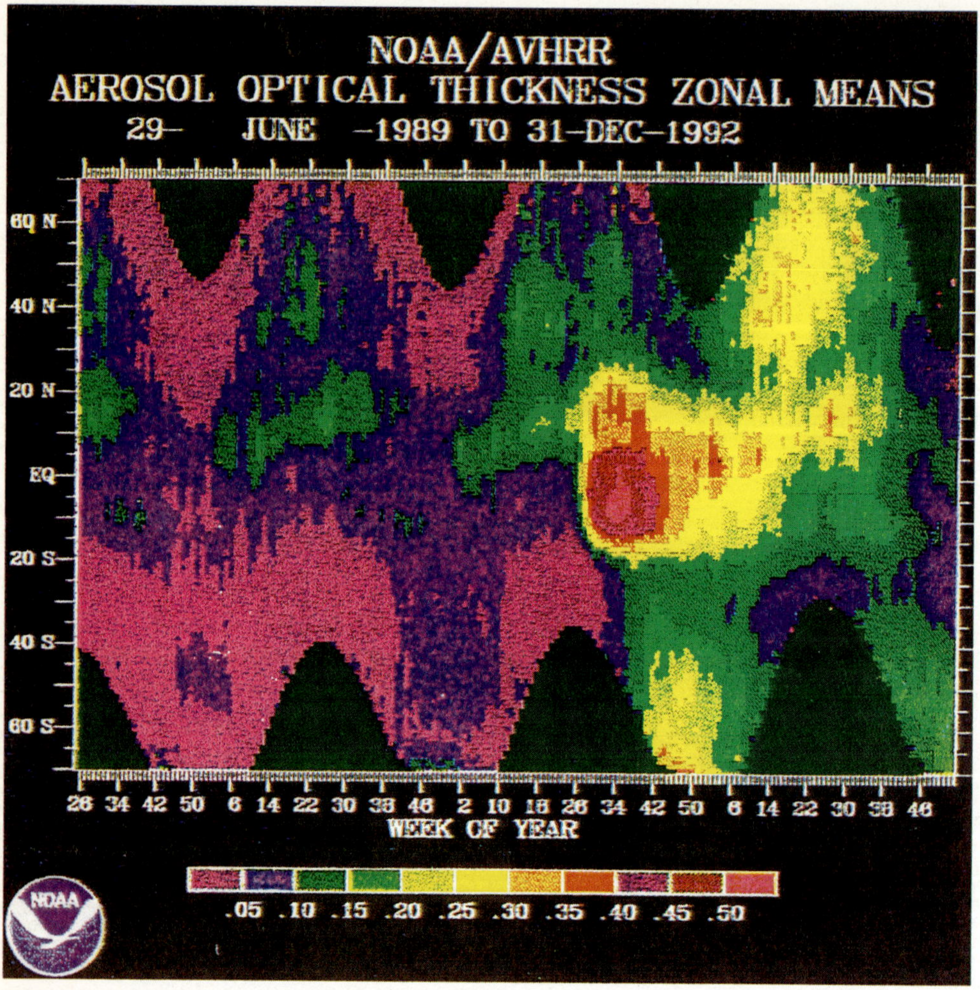

Figure 1

Moyenne zonale hebdomadaire de l'épaisseur optique des aérosols du 29 juin 1989 au 31 décembre 1992 (Données de L. Stowe)

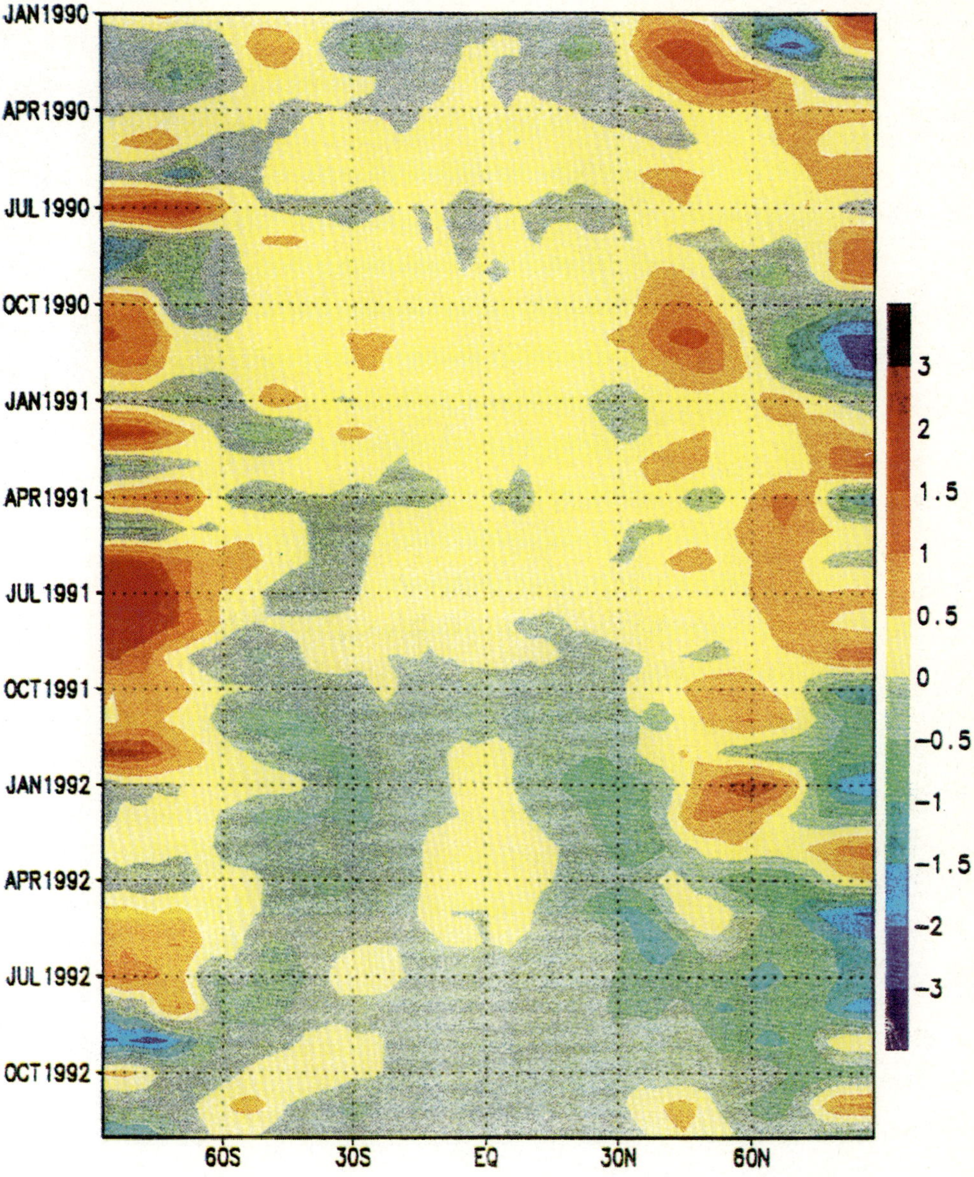

Figure 2

Coupes temps-latitude des anomalies (en degrés C) de température troposphérique en moyenne zonale, déduits du canal 2 du Microwave Sounding Unit (MSU). Les anomalies sont calculées par rapport à la période de référence 1982-1991 (Données fournies par Spencer et Christy)

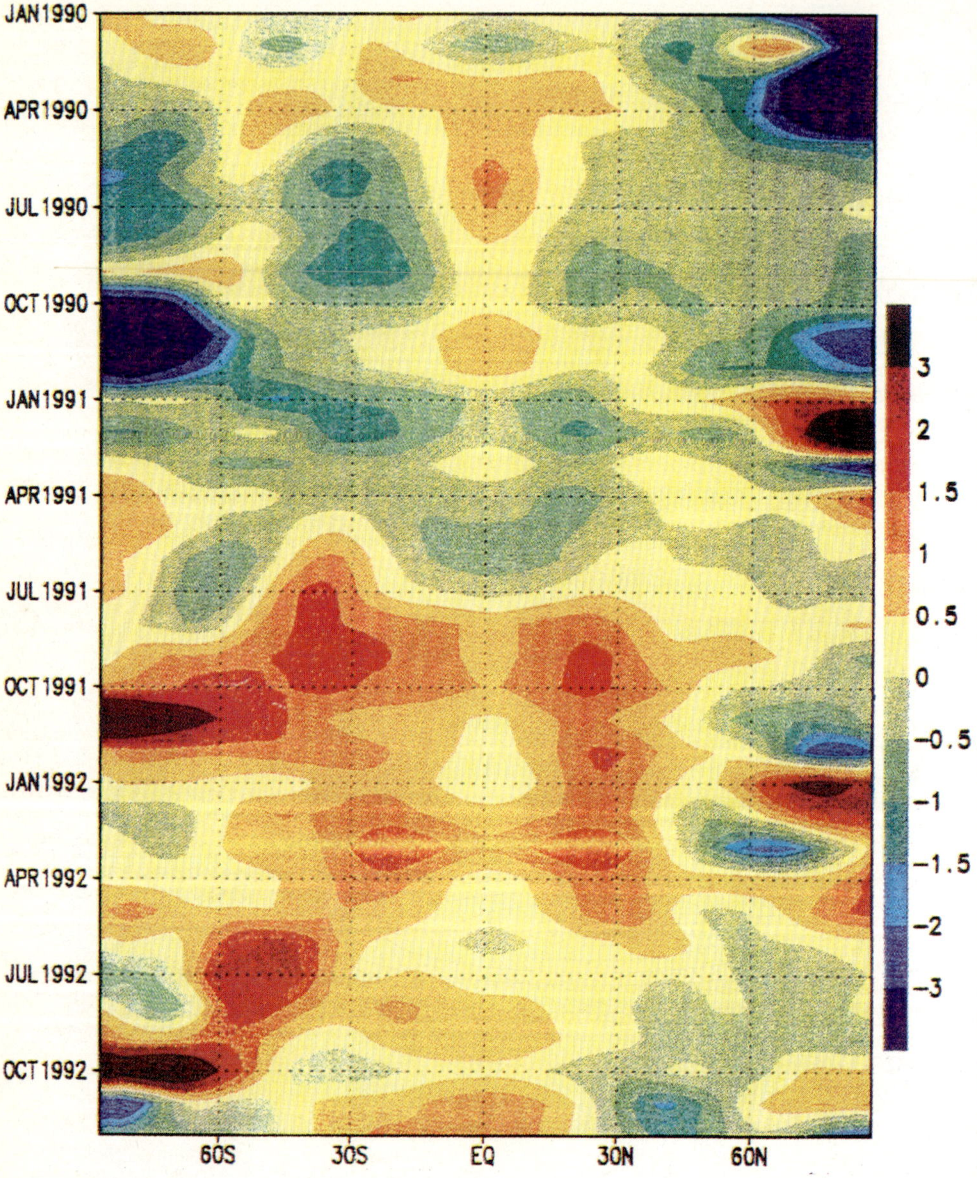

Figure 3

Coupe temps-latitude des anomalies (en degrés C) de température troposphérique en moyenne zonale, déduits du canal 4 du Microwave Sounding Unit (MSU). Les anomalies sont calculées par rapport à la période de référence 1982-1991 (Données fournies par Spencer et Christy)

CHAPITRE VI

Modélisation du système climatique

1 INTRODUCTION

La modélisation numérique détaillée du système climatique constitue un espoir de parvenir à une appréciation objective des risques liés à l'augmentation des gaz à effet de serre. Dans le rapport précédent, nous avions mis en évidence la capacité croissante des modèles à simuler le climat observé, mais aussi leur incertitude encore grande quant à la quantification d'une "sensibilité" du climat.

Cette situation n'a pas évolué de manière significative car elle résulte de problèmes fondamentaux qui n'ont pas été résolus, et ne sont pas susceptibles de l'être avant plusieurs années. Le forçage radiatif résultant de l'effet de serre est un terme faible en valeur relative (quelques Wm^{-2}), dont l'effet potentiellement important est lié au fait qu'il sera appliqué au système climatique pendant des durées de quelques décennies, voire quelques siècles. A ce faible niveau d'énergie, les rétroactions possibles sont nombreuses et mettent en jeu de manière essentielle des processus que les modèles de grande échelle se contentent de paramétrer de manière simple : microphysique des nuages, transports de vapeur d'eau et condensation aux échelles de la convection ou de la turbulence atmosphérique, transferts radiatifs dans des milieux inhomogènes, modifications complexes de l'albédo de la neige liée au vieillissement et à la végétation, hydrologie de surface sur les continents, pour ne donner que quelques exemples.

Le fait que le niveau d'expertise sur le changement climatique global proposé par les modèles numériques ait peu évolué au cours des dernières années ne doit cependant pas cacher le très gros effort entrepris par la communauté des modélisateurs pour faire face de manière ordonnée et rationnelle aux problèmes posés. Cet effort, coordonné sous l'égide du WGNE, (Working Group of Numerical Experimentation de l'Organisation Météorologique Mondiale) comprend trois aspects qui seront développés plus bas.

– la poursuite du développement des modèles, qu'il s'agisse du développement de modèles couplés océan-atmosphère, de la volonté d'orienter ces modèles vers la simulation d'impacts climatiques aux échelles locales, ou encore de l'introduction de processus physiques nouveaux ;

– la validation plus précise de ces modèles en utilisant les données nombreuses recueillies et analysées depuis 1979 ;

– la recherche de méthodes de validation des modèles adaptées au problème de la sensibilité du climat.

Cette approche systématique de la modélisation numérique du climat est très importante, car l'usage des résultats de modèles tend à s'étendre vers des communautés nouvelles – écologues, industriels, responsables d'aménagements – et cette ouverture, si elle est très généralement souhaitable, peut aussi donner lieu à des malentendus graves si elle n'est pas assortie d'une évaluation précise de la qualité des modèles et de leur signification.

2 LE DÉVELOPPEMENT DES MODÈLES

2.1 Les modèles couplés océan-atmosphère

Le rôle capital de l'océan dans une perspective de changement climatique global avait été souligné dans le rapport précédent. A ce jour, quatre groupes (Hadley Centre en Grande-Bretagne, Max Planck Institut à Hamburg, le NCAR et le GFDL aux USA) ont réalisé des scénarios d'évolution "transitoire" du système climatique utilisant un modèle climatique couplant deux modèles de circulation atmosphérique et océanique. Toutefois, le nombre de groupes engagés dans la modélisation couplée océan/atmosphère ne cesse de croître : une comparaison récente de modèles couplant atmosphère globale et océan tropicaux a rassemblé 11 équipes américaines, françaises, britanniques et japonaises. Par rapport à une étude antérieure réalisée par Latif et Neelin, le comportement des modèles est apparu très amélioré. Le gradient de température le long de l'Equateur dans le Pacifique est désormais simulé avec une précision de l'ordre du degré, et la dérive des modèles est bien moindre. Par contre, le cycle saisonnier est encore souvent simulé de manière inexacte, de même que la variabilité interannuelle. Certains défauts systématiques apparaissent, tels que la simulation d'une double zone de convergence intertropicale en désaccord avec l'existence observée d'une zone unique.

En dépit de cette évolution encourageante constatée au niveau des modèles tropicaux, les modèles globaux restent pour l'instant encore soumis à des rappels vers l'observation (correction de flux) et leur phase d'élaboration ne peut être considérée comme achevée. Les comparaisons entreprises dans le cadre d'AMIP montrent la très grande divergence des modèles atmosphériques en ce qui concerne le calcul des flux d'énergie ou de la friction au sol et il est naturel que ces défauts se retrouvent au niveau des modèles couplés. La comparaison des modèles tropicaux, mentionnée plus haut, indique que le couplage conduit à une exagération des défauts des modèles déjà présents dans leur version découplée. Aux hautes latitudes, le bilan d'eau à l'interface océan/atmosphère, qui conditionne la salinité des océans, et détermine la formation d'eau profonde demeure un paramètre mal connu, de même que la friction du vent en surface, qui détermine l'extension et l'épaisseur de la banquise.

Le développement des modèles couplés se heurte aussi au problème de l'initialisation des modèles océaniques, et, de manière corollaire, au problème de la variabilité de la circulation océanique à l'échelle décennale ou séculaire. Ce problème s'est d'abord manifesté sous une forme particulière qui était le problème du "démarrage froid (cold start)" : les modèles couplés dans leur version initiale avaient tendance à ne se réchauffer initialement que très lentement, le réchauffement se renforçant au bout d'une décennie environ. Il a été montré clairement que ce problème était lié au forçage préalable de l'océan par des conditions atmosphériques correspondant au climat actuel, en négligeant le fait que l'océan ne se trouve certainement pas en équilibre avec cet état atmosphérique. De plus, l'instabilité potentielle de la circulation thermohaline dans l'Atlantique Nord apparaît comme une caractéristique importante du système climatique, qui a été mise en évidence à la fois au travers de modèles simples et au travers de modèles globaux couplés (Manabe et Stouffer, 1994).

2.2 L'approche des problèmes régionaux

Le développement de systèmes de modélisation permettant d'aborder l'étude des impacts climatiques à l'échelle régionale constitue un développement important de la modélisation numérique du système climatique. Si l'augmentation régulière de la résolution des modèles globaux permet d'améliorer la qualité des champs à grande échelle simulée par ces modèles (voir plus bas), elle est encore loin de permettre des études d'impact à une échelle locale ou régionale. Deux approches ont été envisagée pour atteindre cet objectif :

– *les structures de modèles "emboîtés" (nested)* : les conditions aux limites issues d'un modèle de grande échelle sont appliquées à un modèle d'échelle plus fine, qui adapte la solution de grande échelle aux caractéristiques locales. Les études menées par Giorgi à l'aide du modèle du NCAR et du modèle à mésoéchelle de l'Université de Pennsylvanie ont montré la possibilité offerte ainsi d'affiner un scénario de changement global pour effectuer des études d'impact local beaucoup plus précises, en particulier en terme de précipitation. Cette approche de modèles emboîtés est aussi celle du projet HIRLAM en Europe du nord ;

– *les modèles à maille variable* : ces modèles permettent d'obtenir une résolution accrue sur une région donnée, à l'intérieur même du modèle de grande échelle. Cette approche est à la base du projet français Arpège, conçu dans la perspective de prévisions météorologiques locales, mais qui s'appliquera aussi à l'affinement de scénarios climatiques globaux.

2.3 Paramétrisations

La représentation des principaux processus paramétrés dans les modèles continue de faire l'objet d'études détaillées (convection, rayonnement, couche limite turbulente, ondes de gravité, échanges de surface, détermination de la couverture nuageuse,...). Plusieurs thèmes de préoccupation relativement nouveaux ont aussi vu leur importance s'affirmer. Nous pouvons citer :

– une représentation encore simplifiée de l'hydrologie de surface, et des transports d'eau associés. L'intérêt est multiple. Une compréhension de l'hydrologie de surface est importante pour apprécier l'impact des variations climatiques sur la réserve en eau, et pour évaluer la rétroaction de ces conditions de surface sur le climat à grande échelle. Par ailleurs, l'apport d'eau douce par les fleuves est important pour la circulation océanique ;

– une représentation elle aussi encore très simple, de la microphysique des nuages. Les modèles représentent maintenant de manière fréquente le cycle de l'eau nuageuse sous une forme explicite qui réclame la paramétrisation des précipitations, c'est-à-dire du taux de transformation de l'eau nuageuse en eau précipitante. Ces paramétrisations peuvent donner un premier accès à des paramètres qui ont une grande importance climatique du fait de leur action sur le rayonnement, par exemple la taille des gouttes nuageuses ;

– l'impact des inhomogénéités de la couverture nuageuse sur le transfert radiatif : elle est, en effet, susceptible à la fois d'entraîner des erreurs systématiques des modèles, mais aussi d'affecter la validation qui en est faite au travers des données satellitaires. Celles-ci sont en effet des mesures unidirectionnelles, prise sur un pixel souvent petit, et échantillonnés dans le temps.

Par ailleurs, le développement des modèles vers le domaine stratosphérique, leur couplage avec des modèles chimiques et biologiques, constituent aussi des avancées très importantes qui sont décrites dans des chapitres dédiés de ce rapport.

3 VALIDATION DES MODÈLES : LA REPRODUCTION DU CLIMAT ACTUEL

La communauté scientifique s'est donnée les moyens de systématiser de manière considérable la validation des modèles climatiques. Nous distinguons tout d'abord ici la vérification de la qualité des modèles pour le climat actuel.

Les études en cours concernent en premier lieu les modèles atmosphériques. Nous pouvons citer trois éléments nouveaux, survenus depuis le dernier rapport :

– le démarrage effectif du programme AMIP (Atmospheric Model Intercomparison Programme), qui est entré dans une phase active. Plus de 30 modèles atmosphériques ont simulé ou vont simuler l'histoire climatique de la décennie 79-89, en réponse à des conditions observées de températures de l'océan et selon des modalités prescrites ;

– le programme AMIP est renforcé par un effort de réanalyse des champs météorologiques observés, entrepris au CEPMMT à Reading, qui va fournir une référence cohérente pour cette même décennie ;

– enfin, la distribution des données d'origine satellitaire (nuages, eau précipitable, flux radiatif issus des expériences ERBE, ISCCP, ou d'analyse des sondeurs SSMI, bientôt de réanalyses des sondeurs TOVS ou HIRS) est maintenant très large et va aussi contribuer à une meilleure analyse des modèles.

Un premier bilan des simulations réalisées dans le cadre du projet AMIP vient d'être réalisé. Il montre là aussi une amélioration substantielle de la qualité des modèles qui se traduit par une dispersion plus faible des résultats des modèles. Si l'on exclut deux modèles atypiques, l'écart entre les 15 premiers modèles analysés est, en moyenne zonale :

– pour les pressions au niveau de la mer : moins de 5 hPa, aux basses latitudes, un peu plus de 10 hPa aux hautes latitudes ;
– pour les précipitations : de l'ordre de 2 mm/jour ;
– pour les flux de rayonnement : de l'ordre de 20 Wm^{-2}.

Comme nous l'avons signalé plus haut, cet accord croissant cache des divergences encore grandes, en particulier pour les paramètres pour lesquels il n'existe pas de référence observationnelle précise, tels que les flux de surface.

4 VALIDATION DES MODÈLES : UNE APPROCHE DU PROBLÈME DE LA SENSIBILITÉ

L'accord croissant des modèles quant à la simulation du climat actuel n'implique pas un accord sur l'évaluation du changement climatique futur pour deux raisons :
– d'abord, comme nous l'avons souligné, les changements de l'énergétique globale attendus en réponse à l'augmentation anthropique des gaz à effet de serre sont faibles en valeur relative (4 Wm^{-2} à la tropopause pour un doublement de la concentration du CO_2 dans l'atmosphère), et sont très inférieurs tant à la dispersion des modèles (cf les 20 Wm^{-2} cités plus haut) qu'à la précision des mesures (environ 10 Wm^{-2} pour ERBE) ;
– ensuite, les rétroactions qui sont mises en jeu lors des variations climatiques observables (cycle saisonnier, variabilité interannuelle) sont distinctes de celles qui se produiront en cas de réchauffement lent du système climatique.

• La validation des processus individuels

L'étude de la rétroaction liée à la vapeur d'eau fournit un bon exemple à la fois des difficultés, mais aussi des possibilités offertes par les données contemporaines détaillées. La rétroaction de vapeur d'eau correspond au fait que lorsque le climat se réchauffe, son niveau de saturation augmente, donc la vapeur d'eau, donc l'effet de serre associé. Cette rétroaction avait été contestée par Richard Lindzen, du MIT, qui estimait qu'une diminution de la vapeur d'eau en cas de réchauffement climatique restait possible. Les résultats de Raval et Ramanathan (1990), montrant une bonne corrélation moyenne entre ces paramètres (effet de serre ciel clair mesuré par ERBE, eau précipitable mesurée par le satellite SSMI, et la température de surface), semblait apporter une confirmation de la qualité des modèles. Des analyses détaillées (Bony et Duvel, 1994) ont montré qu'il fallait se garder d'une interprétation trop rapide de cet accord apparent entre modèle et données : aux hautes latitudes sur les océans, l'effet de serre de la vapeur d'eau peut décroître quand la température de surface augmente, du fait des changements de la structure thermique verticale de l'atmosphère. Si l'on veut étudier de manière précise la rétroaction liée à la vapeur d'eau, il faut donc déconvoluer les effets liés aux changements de températures.

Une étude à partir du modèle du LMD montre toutefois que c'est dans le cas des variations observables (saisonnières, interannuelles) que ce signal "parasite" est le plus important, alors qu'il joue un rôle moins grand dans le cas d'une augmentation de l'effet de serre. La validation des modèles, en cherchant à tester les processus de rétroactions à courte échelle de temps, est donc sans doute prometteuse. Mais il est impératif de distinguer de manière précise le rôle de chaque processus.

• L'utilisation des variations climatiques passées

Même si l'on parvient à identifier et valider de manière séparée chacun des processus individuels participant aux variations climatiques, l'interaction entre ces processus restera une source d'incertitude importante. L'étude des climats passés peut à cet égard offrir une référence extrêmement utile. Plusieurs épisodes peuvent être utilisés :

– l'évolution du système climatique tout au long du dernier siècle (Schlesinger et Ramankutty, 1992). Il s'agit de la période pour laquelle les termes de forçage externe (volcanisme, variations de la constante solaire, concentration en gaz à effet de serre, activité industrielle et génération d'aérosols) sont les mieux connus. Par contre, les variations climatiques enregistrées sont faibles ;

– le petit âge glaciaire, dont la relation aux variations de la "constante" solaire a été évoquée au chapitre précédent ;

– les variations paléoclimatiques.

Dans ce dernier cas, il faut mentionner l'existence d'un programme international PMIP (S. Joussaume, LMCE) de comparaison des modèles, avec deux objectifs : simuler le climat d'il y a 6 000 ans, qui fournit une validation appropriée pour l'étude de la variabilité des processus hydrologiques, et simuler le climat du dernier maximum glaciaire. La comparaison des modèles entre eux, puis la comparaison du refroidissement simulé au refroidissement observé, fournira une estimation des rétroactions susceptibles d'amplifier le forçage initial. Là encore, il est clair que l'évaluation en retour d'une sensibilité liée à un réchauffement ne peut se faire qu'en séparant l'effet de chaque processus. Plusieurs difficultés devront être résolues : inventaires précis des forçages, précision de la restitution des températures de surface de l'océan qui servent à tester les résultats des modèles, rôle de la circulation océanique.

CONCLUSION

La qualité des modèles climatiques progresse de manière régulière et indéniable. Toutefois, les incertitudes relatives aux paramétrisations contenues dans ces modèles demeurent importantes. Comme ces paramétrisations ont un impact considérable et invérifiable sur le résultat des modèles lorsqu'il s'agit de mesurer la "sensibilité" du climat, la variété des modèles reste notre seule mesure de l'incertitude actuelle. Mais des méthodologies adaptées de validation des modèles émergent peu à peu.

Les indications récentes les plus convaincantes de l'influence de l'Homme sur le climat viennent de la comparaison des observations récentes et des résultats des modèles tenant compte des gaz à effet de serre et des aérosols, en ce qui concerne les caractéristiques géographiques, saisonnières et verticales des changements de température.

CHAPITRE VII

Les paléoclimats et leur variabilité

Les diverses méthodes décrites dans le rapport précédent de l'Académie ont continué à être employées. L'existence d'une série de cycles glaciaires interglaciaires au cours des deux derniers millions d'années, avec une variation de la température moyenne à la surface de la Terre de l'ordre de 5 °C associée à de grandes variations du volume des glaces qui entraînent la variation du niveau de la mer est confirmée.

La coïncidence entre les périodes caractéristiques de l'orbite de la Terre autour du soleil et celles des paléoclimats est généralement considérée comme étant liée à la redistribution géographique et saisonnière de l'insolation qui, au cours du dernier cycle, a varié de 60 Wm^{-2} durant l'été à la latitude de 65°N, alors que l'énergie annuelle moyenne reçue par la Terre ne variait que de moins de 0,7 Wm^{-2}.

Ce schéma général acquis depuis plusieurs années a été récemment enrichi de nouveau résultats sur la variabilité observée dans les archives du passé.

Les enregistrements glaciaires de l'Antarctique, récemment étendus au-delà de 200 000 ans, confirment que ces variations climatiques sont accompagnées de modifications importantes de la composition de l'atmosphère (Jouzel *et al.*, 1993). C'est ainsi que les teneurs de l'atmosphère en CO_2 ont varié de 180-200 ppmv à 270-280 ppmv lors des dernières transitions glaciaires – interglaciaire et les teneurs en CH_4 sont passées de 0,35 à 0,65 ppbv (voir ***figure 1***) ; de la même façon, les teneurs en N_2O ont augmenté de 180-190 ppbv à 220-250 ppbv entre la dernière période glaciaire et la période préindustrielle (Leuenberger et Siegenthaler, 1992). Ces variations de teneur en gaz à effet de serre correspondent à un changement du forçage radiatif global légèrement supérieur à 2 Wm^{-2}. Bien que les causes de ces variations de composition ne soient pas exactement connues, elles ont contribué, de la même façon que le développement et la disparition des calottes glaciaires de l'hémisphère Nord, à l'amplitude des variations de température glaciaire – interglaciaire, par un effet de contre réaction positive amplifiant la réponse à la perturbation astronomique initiale.

Les données paléoclimatiques montrent l'existence, vers la fin du dernier âge glaciaire, de grandes calottes continentales dans l'hémisphère Nord, notamment sur l'Amérique du Nord et la Scandinavie ; c'est la fusion de ces calottes glaciaires, à l'exception du Groenland, lors de la déglaciation qui a entraîné une hausse du niveau des mers de l'ordre de 120 m. Les sédiments marins ont ainsi enregistré les variations du volume des glaces, dont dépend le niveau des mers, au cours du Quaternaire.

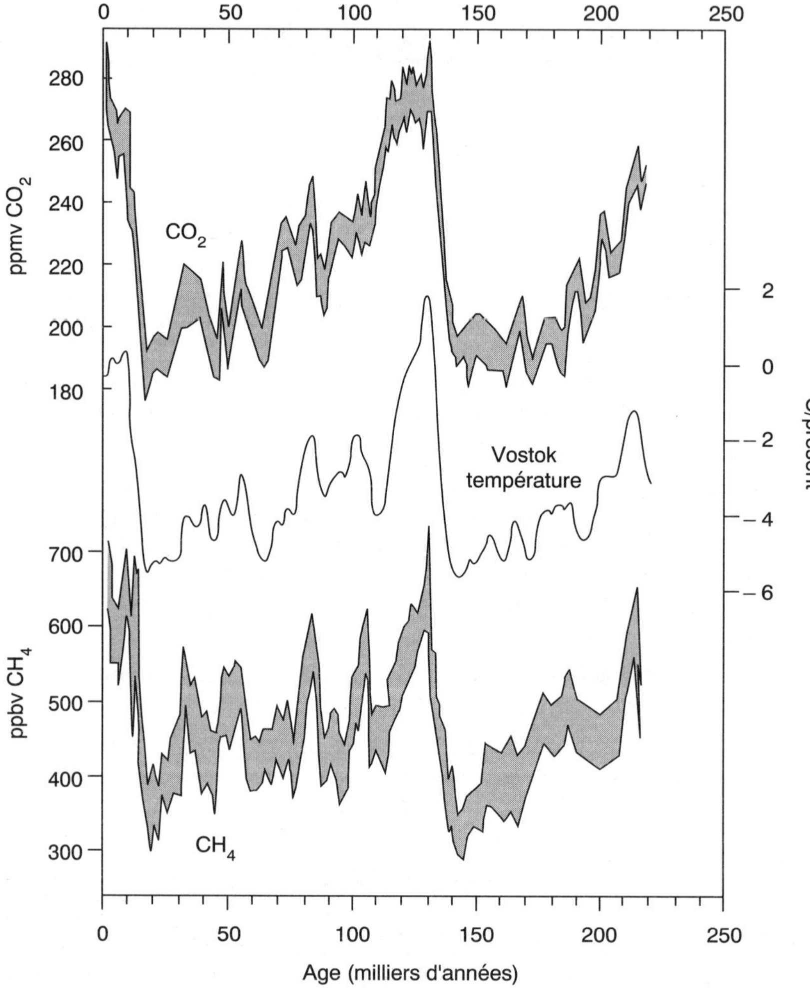

Figure 1

Les données paléoclimatiques récentes, s'appuyant sur les forages du centre du Groenland et sur des séries océaniques et continentales, ont confirmé l'existence de changements climatiques importants et extrêmement rapides, qui ne sont pas liés au forçage orbital. Ainsi, la transition entre le Dryas-récent et la période pré-boréale (il y a 11 500 ans) a été extrêmement abrupte ***(figure 2)***. Au Groenland, les températures ont augmenté de 7 °C en quelques décennies (Johnsen *et al.*, 1992). Au cours de cette transition, les changements ont même été plus rapides pour la circulation atmosphérique qui a subi des modifications drastiques sur des périodes de 5 à 20 ans (Taylor *et al.*, 1993) et pour les précipitations qui ont probablement doublé en l'espace de 3 ans (Alley *et al.*, 1993). De la même façon, la fin de la période glaciaire s'est traduite par un réchauffement de 10 °C en 400 ans dans l'Atlantique Nord. De nombreuses et nouvelles séries climatiques confirment que le refroidissement du Dryas récent a affecté une grande partie de l'hémisphère Nord. La dernière déglaciation s'est également opérée en 2 étapes en Antarctique, mais le refroidissement y est moins marqué et les réchauffements y sont beaucoup moins abrupts.

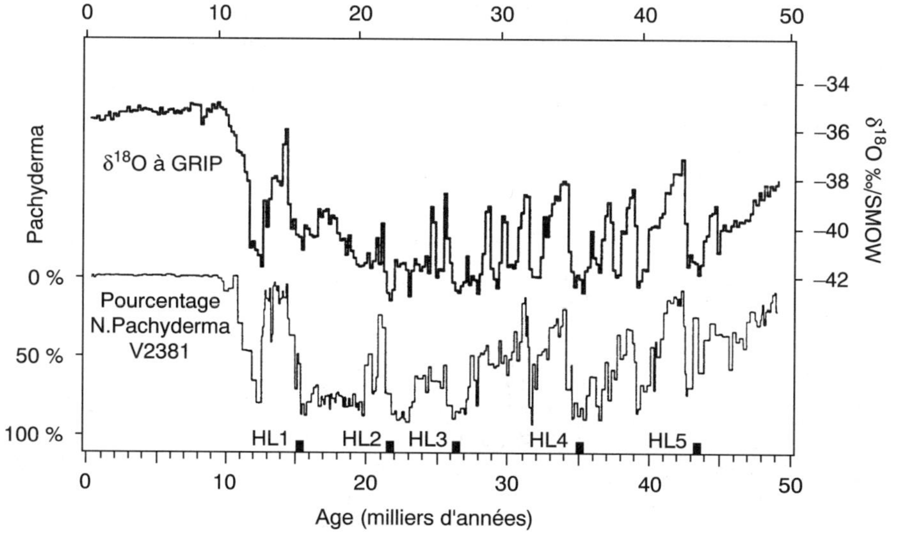

Figure 2

L'existence de variations rapides en période glaciaire est pleinement confirmée (Johnsen *et al.*, 1992 ; Dansgaard *et al.*, 1993). Au Groenland, le réchauffement de l'ordre de 7 °C en quelques dizaines d'années a été suivi d'une période de refroidissement beaucoup plus lente (de 500 à 2 000 ans). Ce même type d'oscillations existe aussi dans l'Atlantique Nord où des forages récents ont montré qu'elles sont liées à la décharge massive d'icebergs qui se détachent périodiquement des grandes calottes de l'hémisphère Nord (Bond *et al.*, 1993). Ces instabilités des calottes glaciaires surviennent en fin de période de refroidissement et sont suivies d'un réchauffement très rapide. Ces événements rapides enregistrés aussi dans les régions continentales proches de l'Atlantique ont presque certainement affecté l'ensemble de l'hémisphère Nord car ils sont associés à des variations importantes des teneurs en méthane qui résultent de modifications du cycle hydrologique aux basses latitudes (Chappellaz *et al.*, 1993). Plus généralement des changements importants des régimes des précipitations ont probablement affecté les basses et moyennes latitudes même au cours de périodes aux variations de température peu marquées.

Un des enregistrements du centre du Groenland suggère ***(figure 3)***, de façon inattendue, que le climat du précédent interglaciaire (l'Eémien) aurait également été instable (GRIP Project Members, 1993). Les périodes chaudes (jusqu'à 4 °C de plus que le climat actuel) y auraient été interrompues par des excursions vers des conditions intermédiaires entre le climat actuel et celui d'une époque glaciaire. Les transitions auraient été très rapides (quelques dizaines d'années) et, suivant le cas, les conditions froides (changements de température associée de l'ordre de 10 °C) auraient persisté entre 70 et 5 000 ans. Ces résultats n'ont pas été confirmés sur un forage situé à 28 km indiquant que l'écoulement des couches de glace a été, sur l'un des forages au moins, perturbé par la proximité du socle rocheux (Grootes *et al.*, 1993). Ceci soulève des questions sur l'existence de ces variations rapides dont l'importance tient à ce qu'elles seraient survenues au cours d'une période légèrement plus chaude que le climat actuel. En tout état de cause, une identification dans d'autres enregistrements est indispensable à une réelle confirmation de leur existence et de leur extension géographique éventuelle.

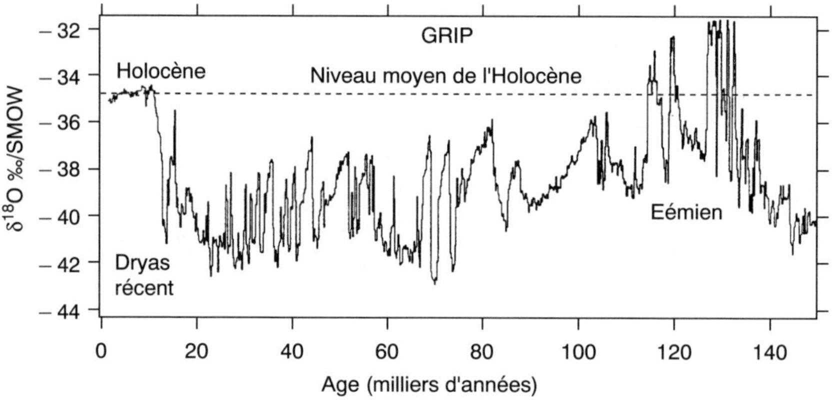

Figure 3

Le climat des 10 000 dernières années apparaît relativement plus stable quoiqu'il y ait, à l'échelle régionale, des indications de plus en plus nombreuses d'une variabilité importante des températures et du régime des précipitations, et donc, par exemple des périodes de sécheresse. Ainsi, une situation plus humide, entre – 12 000 et – 4 000 ans, a pris place dans les régions Sahéliennes précédant des conditions plus sèches qui se sont établies depuis et les précipitations étaient, en général, plus faibles au cours du "Petit âge glaciaire" qui s'étend entre les années 1550 et 1850 que maintenant. Les températures, au moins en été, semblent avoir été en moyenne plus élevées vers le milieu de l'Holocène (il y a environ 5 000 et 6 000 ans). Certaines régions du globe ont aussi connu des températures plus élevées que celles actuelles durant le Moyen Age (entre les années 950 et 1250) ; le refroidissement du "Petit âge glaciaire" semble avoir été relativement global. A noter que sur ces échelles de temps récentes, les historiens peuvent aussi contribuer à la restitution des climats anciens.

Les changements de températures documentés à l'échelle des derniers siècles et millénaires sont significatifs par rapport au réchauffement attendu au cours des prochaines décennies. Il est important que cette variabilité soit prise en compte pour évaluer l'évolution récente (ainsi le réchauffement global détecté depuis 1850 peut être, au moins en partie, lié à la fin du "Petit âge glaciaire") et future du climat terrestre. Plus généralement, l'ensemble des données obtenues au cours des 5 dernières années, tend à modifier l'idée que nous avons de la variabilité naturelle du climat. Des variations rapides et importantes sont indéniablement survenues au cours des périodes froides et des transitions climatiques. Il est aussi possible que de telles variations aient affecté le Groenland au cours du dernier interglaciaire, mais ceci reste à démontrer. On doit retenir que ces changements affectent l'ensemble des variables climatiques, température et circulation aussi bien atmosphériques qu'océaniques, régime des précipitations et plus généralement cycle hydrologique et que, tout au moins dans l'Atlantique Nord et les régions adjacentes, ils peuvent intervenir à l'échelle d'une vie humaine.

Ces données nouvelles indiquent qu'au moins dans certaines conditions, le système climatique peut être instable à court terme.

CONCLUSION

Les observations récentes des paléoclimats ont confirmé l'existence de changements climatiques importants et extrêmement rapides au cours des périodes glaciaires dans l'hémisphère Nord. Certaines observations à confirmer suggèrent que des phénomènes analogues pourraient se produire pendant des périodes interglaciaires, telles que celle que nous vivons.

CHAPITRE VIII

Conclusion et perspectives

Les conclusions du rapport précédent, en date du 23 octobre 1990 qui demeurent valables aujourd'hui sont :

L'effet de serre joue un rôle important dans l'évolution des climats et l'augmentation constatée actuellement de la concentration des principaux gaz responsables de cet effet ; à savoir : gaz carbonique, chlorofluorocarbures (CFC), méthane, est bien due aux activités humaines.

Il existe de très nombreuses incertitudes sur les évolutions et leurs conséquences pour les équilibres physico-chimiques et biologiques de la biosphère, qui sont liées entre autres :

– à la mauvaise connaissance du cycle du CO_2 sur notre planète,

– à la modélisation insuffisante de la circulation océanique et de ses modifications lors des changements climatiques,

– aux prévisions d'évolution de la nébulosité et à ses conséquences sur les équilibres radiatifs,

– à la mauvaise connaissance du bilan de masse des calottes polaires, qui affecte les prédictions concernant la hausse du niveau des mers,

– à un manque de connaissance sur les capacités d'adaptation à long terme du monde vivant à des modifications rapides du milieu, qui ont toutes les chances d'entraîner d'abord une réduction de la diversité biologique et une instabilité des écosystèmes,

– aux modèles globaux de circulation atmosphérique dont les mailles sont trop grandes et les paramètres insuffisamment connus pour permettre une prévision climatique régionale crédible.

Les considérations ci-dessus restent valables pour l'essentiel. Mais il nous parait que la suite de l'accroissement des connaissances contenu dans le présent rapport amène des précisions, des nuances ou des modulations ; les voici :

1) Le potentiel d'échauffement global des différents gaz à effet de serre est calculé en s'aidant d'hypothèses restrictives qui en limitent fortement la capacité de calculer et d'estimer, et donc de prédire l'effet relatif de ces gaz sur les modifications climatiques. Cette notion est donc à manier avec d'extrêmes précautions et seulement par des professionnels du climat qui peuvent en vérifier les conditions d'applications.

2) Un élément essentiel dans l'importance donnée ces dernières années aux phénomènes d'accroissement de l'effet de serre, est la montée régulière de la

concentration de gaz carbonique dans l'atmosphère. Cet accroissement s'était ralenti en 1992 et 1993 et si des ralentissements avaient bien déjà été observés, en particulier en 1973-1974, jamais ils n'avaient atteint cette ampleur depuis le début des mesures systématiques, soit 1958. Les travaux d'analyse en cours n'ont débouché, jusqu'à aujourd'hui, sur aucune explication *vérifiée* de ce phénomène. Depuis 1994, on a retrouvé un rythme habituel de croissance du CO_2.

3) Le bilan du cycle du carbone n'est toujours pas éclairci. Si la source d'origine humaine et le stock de l'atmosphère sont repérés, une quantité considérable est manquante. On continue d'étudier le rôle de la biosphère et des océans dans ce bilan. Cette étude se caractérise par son extrême complexité, à tous les niveaux des phénomènes.

4) Les aérosols dus aux émissions soufrées ont cru. Leurs effets sur le climat vont dans le sens inverse de l'augmentation de l'effet de serre. Mais la limitation de leur effet dans le temps[1] et l'espace rend difficile la comparaison aux augmentations des gaz à effet de serre, quoique les ordres de grandeurs des effets semblent comparables.

Les aérosols dus à la combustion sont aussi en cours d'analyse, mais la compréhension de leur influence est trop peu avancée pour permettre des conclusions.

5) La diminution de la quantité d'ozone en situation stratosphérique conduit à un refroidissement de la surface de la terre qui est faible. L'augmentation locale d'ozone troposphérique[2] conduit à un réchauffement local faible et comparable en ordre de grandeur.

Mais la pénétration accrue des rayons ultraviolets du soleil dans la troposphère peut jouer un rôle sur la chimie de cette troposphère, en créant par photodissociation des espèces chimiques très oxydantes, ce qui agirait sur la concentration de certains gaz à effet de serre. Les conséquences sont encore en cours d'évaluation.

6) Malgré tous les progrès réalisés sur la modélisation des phénomènes qui conduisent aux grands codes de calcul pour ordinateurs, on ne peut aujourd'hui être sûr de la précision des prédictions et tout particulièrement de celles qui concernent les valeurs climatiques régionales.

7) Les travaux récents centrés sur les carottes glaciaires et leur analyse, ainsi que d'autres indices du climat du passé ont permis de mieux connaître le climat de l'Atlantique Nord durant les derniers 200 000 ans. On a découvert que dans cette région les périodes glaciaires sont hachées par des variations du climat de forte intensité et de courte durée. On s'interroge encore sur le cas des périodes interglaciaires.

---

1. La durée de vie d'un aérosol est de l'ordre de la semaine alors que les durées de vie du CO_2 et des autres gaz à effet de serre dans l'atmosphère sont de l'ordre de l'année ou de plusieurs décennies.
2. Voir le rapport de l'Académie des sciences n° 30 : ozone et propriétés oxydantes de la troposphère.

En un mot, la complexité des phénomènes du climat se dévoile dans chacune des approches expérimentales citées. Gageons que la plus importante sera peut-être celle due à l'étude de l'océan profond, principale capacité thermique du système Terre et dont l'étude systématique devrait être l'un des thèmes majeurs de la science de la décennie à venir.

Nous avons bénéficié depuis environ 11 000 ans d'un climat favorable qui a permis l'épanouissement de l'agriculture et des civilisations humaines.

Si les prévisions des modèles numériques mis en œuvre sur les ordinateurs ne nous paraissent pas assez représentatifs de la réalité pour que nous les reprenions ici, il nous semble toutefois valable de dire qu'on ne pourra pas indéfiniment, jusqu'à la moitié ou la fin du siècle prochain, déverser tant[1] de gaz à effet de serre dans l'atmosphère sans que des conséquences sur les climats ne se fassent jour, qu'il s'agisse d'événements climatiques, exceptionnels et extrêmes, de phénomènes régionaux, d'accroissement de phénomènes climatiques défavorables aux activités humaines ou de variations brusques de certains phénomènes climatiques[2].

---

1. D'autant plus les évolutions démographiques, la croissance des activités humaines et leurs conséquences tendront à accroître ces quantités.
2. Ajoutons que les sociétés humaines sont très sensibles à de telles variations.

CHAPITRE IX

Conclusions and perspectives

Some conclusions from the previous report, dated 23 October 1990, remain valid today. They are :

The greenhouse effect plays a major role in climate evolution and the increase observed at present in the concentration of the main gases causing the greenhouse effect (carbon dioxide, chlorofluorocarbons [CFC], methane) stems very definitely from human activities.

Many uncertainties still prevail on the possible types of evolution and their consequences for the physical-chemical and biological equilibrium of the biosphere. These result, among other factors, from :

– an insufficient understanding of the CO_2 cycle on our planet,

– an insufficient modelling of the oceanic circulations and of how climatic changes modify them,

– predictions of the evolutions of nebulosity and of its consequences for radiative balances,

– an insufficient knowledge of the polar ice-cap mass balance which, in turn, influences predictions about the increase in sea levels,

– a lack of knowledge of the long-term capabilities of the living world to adapt to rapid changes in its milieu, which are likely to bring about a reduction in the biological diversity and an instability of the ecosystems,

– global models of atmospheric circulation with a too-low grid resolution and with parameters not known accurately enough to allow reliable regional climatic predictions.

The above considerations still remain valid on the whole. Nevertheless, with the increase in knowledge since 1990 presented in the current report, the following refinements, nuances and modifications should be brought forth :

1) The global warming potential (GWP) by the various greenhouse effect gases is calculated through restrictive hypotheses. As a result, it is limited in its capability to calculate and to estimate and, therefore, to predict the relative effect of these gases on climatic changes. As a result, this concept should be treated with utmost caution and only by climatic experts who can check on the conditions of how it is being applied.

2) An essential element in the importance given to the growth of the greenhouse effect phenomena is the regular rise in the concentration of carbon

dioxide in the atmosphere. This rise slowed down in 1992 and 1993 and although other decreases had also been observed previously, particularly in 1973-74, they had never, since the beginning of systematic measures in 1958, reached that amplitude. The analysis work being carried out at present has yet to supply a proven explanation for this phenomenon. Since 1994, the rate of CO_2 increase is back within its usual range.

3) The overall carbon cycle balance still needs to be worked out. If the quantities from human sources and the supply in the atmosphere have been identified, a fair amount still has to be accounted for. The role of the biosphere and the oceans in this overall balance must continue to be studied. One important characteristic of this study is the extreme complexity involved for all the levels of the phenomena.

4) The aerosols caused by sulfurous releases have grown. Their effect on the climate is the opposite of the increase in the greenhouse effect. However, the limitation of their effect in time[1] and in space make any comparison difficult with the increases in greenhouse effect gases, even though the order of magnitude of the effects seems comparable.

Aerosols caused by combustion are also being analysed but our understanding of their influence has not advanced enough to draw any conclusions.

5) The decrease in the amount of ozone in the stratosphere brings on a slight cooling of the surface of the Earth. The local increase of tropospheric ozone[2] brings on a slight local warming with a comparable order of magnitude.

However, the growing penetration of the sun's ultraviolet rays can play a role in this trophosphere's chemistry, by creating highly oxydizing chemical species through photodissociation . This would have an impact on the concentration of certain greenhouse effect gases. The consequences are currently being assessed.

6) Despite all the progress that has been achieved in modelling the phenomena by means of large computer codes, we cannot affirm today that these predictions are accurate, especially those for regional climate values.

7) Recent work involving analyses of the polar ice-caps along with other indications of past climates have given a better understanding of the North Atlantic climate over the past 200,000 years. It has been discovered that in this region the glacial periods have been broken up by highly intense and short-lived variations in the climate. Many questions still remain concerning the case of the interglacial periods.

To sum up the above, each of the experimental approaches mentioned reveals the complexity of the climate phenomena involved. Let us wager that the most important will possibly be studying the deep ocean , as it is the Earth system's main thermal reserve and a systematic study of it is bound to be one of the major themes of science in the coming decade.

For over roughly 11,000 years we have benefitted from a favorable climate which has allowed agriculture and human civilisations to develop and grow.

---

1. The life time of an aerosol is about a week whereas the life times of CO_2 and the other greenhouse effect gases in the atmosphere last over a year or several decades.
2. See the ACADEMIE DES SCIENCES Report Number 30 : Ozone And Oxydizing Properties Of The Troposphere.

If the predictions by numeric models on computers do not seem to give a representative enough picture of reality to be referred to again here, nevertheless, it is worth stating that such quantities of gas[1] cannot continue to be released indefinitely, up through the middle or the end of the next century, without producing any consequences for the climate, whether they be exceptional and extreme climatic occurrences, regional phenomena, increases in climatic phenomena with unfavorable results for human activities, or brutal changes in certain climatic phenomena.

1. Especially as demographic evolution, increases in human activities and their consequences all tend to increase these quantities.

Références bibliographiques

ACADÉMIE DES SCIENCES
L'effet de serre et ses conséquences climatiques, évaluation scientifique
Rapport n° 25, Paris, Octobre 1990.

ACADÉMIE DES SCIENCES
Ozone et Propriétés Oxydantes de la Troposphère, rapport n° 30,
Editions Technique et Documentation-Lavoisier, Paris, Octobre 1993.

ALLEY R.B., D.A. MEESE, C.A. SHUMAN, A.J. GOW, K.C. TAYLOR, P.M. GROOTES, J.W.C. WHITE, M. RAM, E.D. WADDINGTON, P.A. MAYEWSKI ET G.A. ZIELINSKI, 1993
Abrupt increase in Greeland snow accumulation at the end of the Younger Dryas event, *Nature, 362, p. 527-529.*

ANDREAE M.O., R.J. FEREK, F. BERMOND, K.P. BYRD, R.T. ENGSTROM, S. HARDIN, P.D. HOUMERE, F.LEMARREC, H. RAEMDONCK ET R.B. CHATFIELD
Dimethylsulfide in the marine atmosphere, *J. Geophys. Res., 90, 1985, p. 12891-12900.*

ANDREAE M.O., 1986
The ocean as a source of atmospheric sulfur compounds, in *The Role of Air-Sea Exchange in Geochemical Cycling*, edited by P. Buat-Ménard, *D. Reidel, Hingham, Mass., p. 331-362.*

ANDRES, T.N., G. MARLAND, T. BODEN AND S. BISCHOFF, 1994
Carbon dioxide emissions from fossil fuel consumption and cement manufacture 1751-1991 and an estimate for their isotopic composition and latitudinal distribution, *Global Change Institute, Snowmass, Colorado.*

AYERS G.P., J.P. IVEY ET R.W. GILLET, 1991
Coherence between seasonal cycles of dimethylsulfide, methanesulphonate and sulfate in marine air, *Nature, 349, 1991, p. 404-406.*

BARNES I., B. BONSANG, T. BRAUERS, P. CARLIER, R.A. COX, H.P. DORN, M.E.JENKIN, G. LE BRAS ET U. PLATT, 1991
Laboratory and field studies of oxidation processes occuring in the atmospheric marine boundary layer, *Air Pollution Research Report 35 of the Environmental Research Programme of the Commission of the European Communities, G.Le Bras ed., p. 33-47.*

BATES T.M. ET J.D. CLINE, 1985
The role of the ocean in a regional sulfur cycle, *J. Geophys. Res., 93, p. 9168-9172.*

BATES T.M. , J.D. CLINE, R.H. GAMMON ET S.R. KELLY-HANSEN, 1987
Regional and seasonal variation of the flux of oceanic dimethylsulfide to the atmosphere, *J. Geophys. Res., 92, p. 2930-2938.*

BATES T.M. , B.K. LAMB, A.B. GUENTHER, J. DIGNON ET E.S. STOIBER, 1992A
Sulfur emissions to the atmosphere from natural sources, *J. Atmos. Chem., 14, 1992a, p. 315-337.*

BATES T.M. , J.A. CALHOUN ET P.K. QUINN
Variations in the methanesulfonate to sulfate ratio in submicrometer marine aerosol particles over the south Pacific Ocean, *J. Geophys. Res., 97, 1992b, p. 9859-9865.*

BELVISO S. , S.K. KIM, F. RASSOULZADEGAN, B. KRAJKA, B.C. NGUYEN, N. MIHALOPOULOS ET P. BUAT-MÉNARD
Production of dimethylsulfoniumpropionate (DMSP) and dimethylsulfide (DMS) by the microbial food web, *Limnol. Oceanogr., 35, 1991, p. 1810-1821.*

BOND G., W.S. BROECKER, S.J. JOHNSEN, J.MC MANUS, L.D. LABEYRIE, J. JOUZEL ET G. BONANI
Correlations between climate records from North Atlantic sediments and Greenland ice, *Nature, 365, 1993, p. 143-147.*

BONY S. ET J.P. DUVEL
Influence of the vertical structure of the atmosphere on the seasonal variation of precipitable water and greenhouse effect. *J. Geophys. Res, 1994 (in press).*

BRASSEUR G. ET C. GRANIER
Mount Pinatubo, aerosols, chlorofluorocarbons and ozone depletion, *Science, 257, 1992, 1239-1242.*

BÜRGERMEISTER S. , R.L. ZIMMERMAN, H.W. GEORGII, H.G. BINGEMER, G.O. KIRST, M. JANSEN ET W. ERNT
On the biogenic origin of dimethylsulfide : relation between chlorophyll, ATP, organismic DMSP, phytoplancton species, and DMS distribution in Atlantic surface seawater and atmosphere, *J. Geophys. Res., 92, 1990, p. 2930-2938.*

CACHIER H.
Isotopic Characterization of carbonaceous aerosols, *Aerosol Sci. and Technol., 10, 1989, p. 379-385.*

CACHIER H.
Combustion carbonaceous aerosols in the atmosphere : implications for ice-core studies, *Nato Series on Environment, 1994, sous presse.*

CACHIER H., M.P BRÉMOND ET P. BUAT-MÉNARD
Carbonaeous aerosols from different tropical biomass burning sources, *Nature, 340, 1989, p. 371-373.*

CACHIER H., C. LIOUSSE, P. BUAT-MÉNARD ET A. GAUDICHET
Particulate content of savanna fire emissions, *J. Atmosp. Chem., 1994, sous presse.*

CHANDRA S.
Changes in stratospheric ozone and temperature due to the eruptions of Mont Pinatubo *Geophys. Res. Lett., 20, 1993, 33-36.*

CHAPPELLAZ J., J.M. BARNOLA, D.RAYNAUD, Y.S. KOROTKEVICH ET C. LORIUS
Ice core record of atmospheric methane over the past 160 000 years, *Nature, 345, 1990, p. 127-131.*

CHARLSON R.J., J.E. LOVELOCK, M.O. ANDREAE ET S.G. WARREN
Oceanic phytoplankton, atmospheric sulphur, cloud albedo and climate, *Nature, 326, 1987, p. 655-661.*

CHARLSON R.J., S.E. SCHWARTZ, J.M. HALES, R.D. CESS, J.A. COAKLEY JR, J.E. HANSEN ET D.J. HOFMANN
Climate forcing by anthropogenic aerosols, *Science, 255, 1992, p. 423-430.*

CIAIS P, P. TANS, J.W. WHITE, R. FRANCEY, M. TROLIER, J. BERRY, D. RANDALL, P. SELLERS AND D. SCHIMEL
The global carbon budget inferred from a new worlwide data set of measurements in atmospheric CO_2, submitted to *Global Biogeochemical Cycles, 1994.*

COX R.A. ET D. SHEPPARD
Reactions of OH radicals with gaseous sulphur compounds, *Nature, 284, 1980, p. 330-331.*

CRUTZEN P.J., I.E GALBALLY, ET C. BRUHL
Atmospheric effects from pot-nuclear fires, *Climatic Change, 6, 1984, p. 323-364.*

CRUTZEN P.J. ET M.O ANDREAE
Biomass burning in the Tropics : impact on atmospheric chemical and biogeochemical cycles, *Science, 250, 1990, p. 1669-1678.*

DACEY J.W.H. ET S.G. WAKEHAM
Oceanic dimethylsulfide : production during zooplankton grazing on phytoplankton, *Science, 233, 1986, p. 1314-1316.*

DANSGAARD W., S.J. JOHSEN, H.B. CLAUSEN, D. DAHL-JENSEN, N.S. GUNDERSTRUP, C.U. HAMMER, J.P. STEFFENSEN, A. SVEINBJÖRNSDOTTIR, J. JOUZEL, ET G. BOND
Evidence for general instability of past climate from a 250 kyr ice-core., *Nature, 364, 1993, p. 218-220.*

DESSLER, A.E. ET AL.
Balloon-borne measurements of CLO, NO and O_3 in a volcanic cloud : an analysis of heterogeneous chemistry between 20 and 30 km, *Geophys. Res. Lett., 20, 1993, p. 2527-2530.*

DUCRET J. ET H. CACHIER
Particulate carbon in continental region rains and snows, *J. Atmos. Chem., 15, 1992, p. 55-67.*

ENTING I.G AND J.V. MANSBRIDGE
Latitudinal distribution of sources and sinks of CO_2 : results of an inversion study. *Tellus, 43, 156, 170 - 1991.*

ERICKSON D.J. III, S.J. GHAN ET J.E. PENNER
Global ocean-to-atmosphere dimethylsulfide flux, *J. Geophys. Res., 95, 1990, p. 7546-7552.*

ERICKSON D.J. III
A stability dependent theory for air-sea gas exchange, *J. Geophys. Res, 98, 1993, p. 8471-8488.*

FUGLESTVEDT J.S., J.E JONSON AND I.S.A. ISAKSEN
Effects of reductions in stratospheric ozone on tropospheric chemistry through changes in UV and photolysis rates, *J. Geophys. Res., in press, 1994.*

GAUDICHET A., F. ECHALAR, B. CHATENET, J.P. QUISEFEFIT, G. MALINGRE, H. CACHIER, P. BUAT-MÉNARD, P. ARTAXO ET W. MAENHAUT
Trace elements in tropical African savanna biomass burning aerosols, *J. Atmos. Chem., 1994, sous presse.*

GOLDBERG E.D.
Black carbon in the environment, *Wiley, New-York, 1985, 198 p.*

GRIP PROJECT MEMBERS
Climatic instability during the last interglacial period revealed in the Greenland summit ice-core, *Nature, 364, 1993, p. 203-207.*

GROOTES P.M., M. STUIVER, J.W.C. WHITE, S.J. JOHNSEN ET J. JOUZEL
Comparison of the oxygen istotope records from the GISP2 and GRIP Greenland ice-cores, *Nature, 366, 1993, p. 552-554.*

HANSEN J., M. SATO, A. LACIS AND R.RUEDY (1993)
Climate impacts of ozone change. *In Proceedings of IPCC Hamburg meeting, May 1993.*

HATAKEYAMA S. , K. IZUMI ET H. AKIMOTO
Yield of SO_2 and aerosol in the photo-oxidation of DMS under atmopsheric conditions, *Atmos. Environ, 19, 1985, p. 135-141.*

HAUCHECORNE A., CHANIN M.L. ET KECKHUT P.
Climatology and trends of the middle atmospheric temperature (33-87 km) as seen by Rayleigh lidar over the South of France, *J. Geophys. Res., 96, 1991, p. 15297-15309.*

HAUGLUSTAINE D.A., C. GRANIER, G.P. BRASSEUR ET G. MÉGIE
The importance of atmospheric chemistry in the calculation of radiative forcing on the climate system, *J. Geophys. Res., 99, 1994, p. 1173-1186.*

HEGG D.A., R.J. FEREK, P.V. HOBBS ET L.F. RADKE
Dimethylsulfide and cloud condensation nucleus correlations in the northeast Pacific Ocean, *J. Geophys. Res., 96, 1991, p. 13189-13191.*

HYNES A.J., P.H. WINE ET D.H. SEMMES
Kinetics and mechanisms of OH reactions with organic sulfides, *J. Phys. Chem., 90, 1986, p. 4148-4156.*

IPCC, 1992
Climate change 1992 : the supplementary report to the IPCC scientific assessment. *Cambridge, UK, Cambridge University Press, 200 pp, 1992.*

JOHNSEN S.J., H.B. CLAUSEN, W. DANSGARD, K. FUHRER, N.S. GUNDERSTRUP, C.U. HAMMER, P. IVERSSEN, J. JOUZEL, B. STAUFFER ET J.P. STEFFENSEN
Irregular glacial interstadials recorded in a new Greenland ice-core, *Nature, 366,1992, p. 311-313.*

JOHNSTON P.V., R.L. MCKENZIE, J.G. KEYS ET W.A. MATTHEWS
Observations of depleted stratospheric NO_2 following the Pinatubo volcanic eruption, *Geophys. Res. Lett., 19, 1992, p. 211-213.*

JOUZEL J., N.I. BARKOV, J.M. BARNOLA, M. BENDER, J. CHAPELLAZ, C. GENTHON, V.M. KOTLYAKOV, V. LIPENKOV, C. LORIUS, J.R. PETIT, D. RAYNAUD, G. RAISBECK, C. RITZ, T. SOWERS, M. STIEVENARD, F. YIOU ET P. YIOU
Vostok ice cores extending the climatic signal over the penultimate glacial period, *Nature, 364, 1993, p. 407-412.*

KECKHUT P.
Communication personnelle, 1994.

KEELING R.F. AND R. SHERTZ
Seasonal and interannual variations in atmospheric oxygen and implications for the global carbon cycle, *Nature, 358, 723, 727 - 1992.*

KIEHL J.T. ET B.P. BRIEGLEB
The relative roles of sulfates aerosols and greenhouse gases in climate forcing, *Science, 260, 1993, p. 311-314.*

KIENE R.P. ET T.S. BATES
Biological removal of dimethylsulfide from seawater, *Nature, 345, 1990, p. 6277-6279.*

LABITZKE K. ET M.P. MCCORMICK
Stratospheric temperature increases due to Pinatubo aerosols, *Geophys. Res. Lett., 19,1992, p. 207-210.*

LABITZKE K AND VAN LOON H.
Some recent studies of probable connections between solar and atmospheric variability, *Ann. Geophys, 11, 1993, p. 1084-1094.*

LACAUX J.P., H. CACHIER, ET R.A. DELMAS
Biomass Burning in Africa : an overview of its impacts on atmospheric chemistry, *Dahlem workshop report on "Fire in the Environnement", P.J. Crustzen and J.G. Goldammer eds., Wiley, Chichester, 1993, p. 159-191.*

LANGNER J., H. RODHE, P.J. CRUTZEN ET P. ZIMMERMANN
Anthropogenic influence on the distribution of tropospheric sulfate aerosol, *Nature, 359, 1992, p. 712-716.*

LEFEVRE F., G. BRASSEUR, I. FOLKINS ET A.K. SMITH
J. Geophys Res., sous presse 1994.

LELIEVED J. AND P. CRUTZEN, 1994
Communication personnelle.

LELIEVED J. ET J. HEITZENBERG
Sulfate cooling effect on climate throug in-cloud oxidation of anthropogenic SO_2, *Science, 258, 1992, p. 117-120.*

LEVINE J.S.
"Global biomass burning", *MIT Press, Cambridge, 1991, 569 p.*

LIOUSSE C., H. CACHIER ET S.G. JENNINGS
Optical and thermal measurements of black carbon aerosol content in different environments : variation of the specific attenuation cross-section, sigma (σ), *Atmos. environ., 27A, 1993, p. 1203-1211.*

LISS P.S. ET L. MERLIVAT
Sea-air exchange rates : introduction and synthesis, in : The role of air-sea exchange in geochemical cycling, *P. Buat-Ménard ed., Reidel, Horwell, Mass., 1986, p. 113-128.*

LIU S.C. AND M. TRAINER
Response of the tropospheric ozone and odd radicals to column ozone change, *J. Atmos. Chem, 6, 1988, p. 221-223.*

MADRONICH S.
Implications of recent total atmospheric ozone measurements for biologically active ultraviolet radiation reaching the Earth's surface, *Geophys. Res. Lett., 19, 1992, p. 37-40.*

MADRONICH S. AND C. GRANIER
Impact of recent total ozone changes on tropospheric ozone photodissociation, hydroxyl radicals, and methane trends, *Geophys. Res. Lett., 19, 1992, p. 465-467.*

MAHFOUF J.F., D. CARIOLLE ET J.F. ROYER
Simulation de l'effet d'un doublement du gaz carbonique sur l'ozone stratosphérique, *C.R. Acad. Sci, 316, 1993, p. 61-68.*

MAHLMAN J.D., J.P. PINTO ET L.J. UMSCHEID
Transport, radiative and dynamical effects of the Antarctic ozone hole : A GFDL "SKYHI" model experiment, *J. Atmos. Sci., sous presse, 1994.*

MANABE S. AND R.J. STOUFFER
Multiple century response of a coupled ocean-atmosphere model to an increase of atmospheric carbon dioxide, *Journal of climate, 7, 1994, p. 5-23.*

MARQUARDT C.
Diabatic circulation anomalies due to volcanic aerosols influencing the period of the QBO, *communication personnelle, 1994.*

MCCORMICK M.P.
Initial assessment of the stratospheric and climatic impact of the 1991 Mount Pinatubo eruption : prologue, *Geophys. Res. Lett., 19, 1992, p. 149-150.*

MCCORMICK M.P., R.E. VEIGA ET W.P. CHU
Stratospheric ozone profile and total ozone trends derived from the SAGE I and II data, *Geophys. Res. Lett., 19, 1992, p. 269-272.*

MIHALOPOULOS N., J.P. PUTAUD ET B.C. NGUYEN
Seasonal variation of methanesulfonic acid in precipitation at Amsterdam island in the southern Indian Ocean, *Atmos. Environ., 27A, 1993, p. 2069-2073.*

MILLER A.J., NAGATINI R.M., G.C. TIAO, X.F. NIU, G.C.REINSEL, D. WUEBBLES ET K. GRANT
Comparisons of observed ozone and temperature trends in the lower stratosphere, *Geophys. Res. Lett., 19, 1992, p. 929-932.*

NGUYEN B.C., S. BELVISO, N. MIHALOPOULOS, J. GOSTAN ET P. NIVAL
Dimethylsulfide production during natural phytoplanktonic blooms, *Marine Chem., 24, 1988, p. 133-141.*

NGUYEN B.C., N. MIHALOPOULOS, J.P. PUTAUD, A. GAUDRY, WC KEENE ET J.N. GALLOWAY
Covariation of atmospheric dimethylsulfide, its oxidation products and rain acidity at Amsterdam Island in the southern Indian Ocean, *J. Atmos. Chem., 11, 1990, p. 123-143.*

NGUYEN B.C., N. MIHALOPOULOS ET S. BELVISO
Seasonal variation of atmospheric dimethyl sulfide at Amsterdam Island in the southern Indian Ocean, *J. Atmos. Chem., 15, 1992, p. 39-53.*

NOVAKOV T.
Carbonaceous particles in the Atmosphere, *Aerosol Sci. and Technol., 10 (1 & 2) 1989, special issue, 446 p.*

NOVAKOV T. ET J.E PENNER
Large contribution of organic aerosols to cloud-condensation nuclei concentrations, *Nature, 365, 1993, p. 823-826.*

OGREN J.A. ET R.J. CHARLSON
Wet deposition of elemental carbon and sulfate in Sweden, *Tellus, 36B, 1984, p. 262-271.*

OORT A.H., ET H. LIU
Upper air temperature trends over the globe, 1958-1989, *J. Clim., 6, 1993, p. 292-307.*

PENNER T.J., R.E. DICKINSON ET C.A. O'NEIL
Effects of aerosol from biomass burning on the global radiation budget, *Science, 256, 1992, p. 1432-1433.*

PUTAUD J.P., N. MIHALOPOULOS, B.C. NGUYEN, J.M. CAMPIN ET S. BELVISO
Seasonal variation of atmospheric sulfur dioxide and dimethylsulfide concentrations at Amsterdam Island in the southern Indian Ocean, *J. Atmos. Chem., 15, 1992, p. 117-131.*

PUTAUD J.P., S. BELVISO, B.C. NGUYEN ET N. MIHALOPOULOS
Dimethylsulfide, aerosols and condensation nuclei over the tropical northeastern atlantic Ocean, *J. Geophys., Res., 98, 1993, p. 14863-14871.*

QUAY P.B., B. TLBROOK AND C.S. WONG
Oceanic Uptake of fossil fuel CO_2 : carbon -13 evidence, *Science, 256, 74-79, 1992.*

RADKE L.F., CAOKLEY J.A. ET KING M.D.
Direct and remote sensing observations of the effects of ships on clouds, *Science 246,1989, p. 1146-1149.*

RAES F. ET R. VAN DINGENEN
Simulations of CN and CCN formation from Biogenic SO_2 in the remote MBL, *J. Geophys, Res., 97, 1992, p. 12901-12912.*

RAMASWAMY V., M.D. SCHWARZKOPF ET K.P. SHINE
Radiative forcing of climate from halocarbon-induced global stratospheric ozone loss, *Nature, 355, 1992, p. 810-812.*

RAVAL A. ET V. RAMANATHAN
Observational determination of the greenhouse effect, *Nature 342, 1989, p. 758-761.*

READ W.G., L. FROIDEVAUX ET J.W. WATERS
Microwawe limb sounder measurements of stratospheric SO_2 from the Mt Pinatubo volcano, *Geophys. Res. Lett., 20, 1993, p. 1299-1302.*

RIND D., K. BALACHANDRAN ET R. SUOZZO
Climate change and the middle atmosphere. Part II : The impact of volcanic aerosols, *J. Clim., 5, 1992, p. 189-207.*

ROGERS F.C. , J.G. HUDSON, B. ZIELINSKA, R.L. TANNER, J. HALLET ET J.G. WATSON
Cloud condensation nuclei from biomass burning, *In "Global biomass burning", J.S. Levine ed., MIT Press, 1991, p. 431-438.*

ROSEN H. ET A.D.A. HANSEN
Role of combustion-generated carbon particles in the absorption of solar radiation in the Arctic haze, *Geophys. Res. Lett., 11, 1984, p. 461-464.*

ROYER J.F., F. CHAUVIN ET G. PELISSIER
Proceedings of the NATO Workshop on "the solar engine and its influence on terrestrial atmosphere and climate", *sous presse 1994.*

SCHLESINGER M.E. AND N. RAMANKUTTY
Implications for global warming of intercycle solar-irradiance variations, *Nature, 360, 1992, p. 330-333.*

SCHNELLE R.C., S.C. LIU, S.J. OLTMANS, R.S. STONE, D.J. OFFMAN, E.G. DUTTON, T. DESHLER, W.T. STURGES, J.W. HARDER, S.D. SEWELL, M. TRAINER AND J.M. HARRIS
Decreases of summer tropospheric ozone concentrations in Antarctica, *Nature, 351, 1991, p. 726-729.*

SCHWARZHOPF M.D. ET V. RAMASWAMY
Radiative forcing due to ozone in the 1980s : dependence on altitude of zone change, *Geophys. Res. Lett. 20, 1993, p. 205-208.*

SIEGENTHALER U. AND J.L. SARMIENTO
Atmospheric carbon dioxide and the ocean, *Nature, 365, 119-125, 1993.*

SHINE K.P.
The greenhouse effect and stratospheric change. In "the role of the stratosphere in global change", *NATO ASI series I, Vol 8, Springer*, ed M.L. Chanin, 1993.

SKOLE D. AND C. TUCKER
Tropical deforestation and habitat fragmentation in the Amazon : satellite data from 1978 to 1988, *Science, 260, 1905-1910, 1993.*

SPENCER R.W. ET J.R. CHRISTY
Precision and radiosonde validation of satellite gridpoint temperature anomalies. Part II : A tropospheric retrieval and trends during 1979-1990, *J. Clim., 5, 1992, p. 858-866.*

SPENCER R.W. ET J.R. CHRISTY
Precision lower stratospheric temperature monitoring with the MSU : validation and results 1979-1991, *J. Clim. 6, 1993, p. 1194-1204.*

TANS P.P., J.A. BERRY AND R.F. KEELING
Oceanic $^{13}C/^{12}C$ observations : a new window on ocean CO_2 uptake. *Global geochemical cycles, 7, 353-368, 1993.*

TAYLOR K. AND J.E. PENNER
Anthropogenic aerosols and climate change submitted to *Nature, 1994.*

TAYLOR K.C., G.W. LAMOREY, G.A.DOYLE, R.B. ALLEY, P.M. GROOTES, P.A. MAYEWSKI, J.W.C. WHITE ET L.K. BARLOW
The "flickering switch" of late Pleistocene climate change, *Nature, 361, 1993, p. 432-436.*

TOOHEY *ET AL.*
The seasonal evolution of reactive chlorine in the Northern hemisphere stratosphere, *Science, 261, 1993, p. 1134-1136.*

TURNER S.M., G. MALIN, P.S. LISS, D.S. HARBOUR ET P.M. HOLLIGAN
The seasonal variation of dimethylsulfide and dimethysulfoniopropionate concentrations in nearshore waters, *Limnol. Oceanogr., 33, 1988, p. 364-375.*

VARHELYL G.
Continental and global sulfur budget-I. Antrhopogenic SO_2 emissions, *Atmos. Environ., 19, 1985, p. 1029-1040.*

WANG W.C., M.P. DUDEK ET X.Z. LIANG AND J.T. KIEHL
Inadequacy of effective CO_2 as a proxy in simulating the greehouse effect of other radiatively active gases, *Nature , 350, 1991, p. 573-577.*

WANG W.C., M.P. DUDEK ET X.Z. LIANG
Inadequacy of effective CO_2 as a proxy in assessing the regional climate change due to other radiatively active gases, *Geophys. Res. Lett., 19, 1992, p. 1375-1378.*

WIGLEY T.M.L.
Balancing the carbon budget. Implications for projections of futur carbon dioxide concentration changes, *Tellus, 45, 409-425, 1993.*

WIGLEY T.M.L.
The effect of carbon cycle uncertainties on global warming potentials. *Geophys. Res. Lett. , 1994, (Submitted).*

W.M.O. (WORLD METEOROLOGICAL ORGANIZATION)
Scientific Assessment of Ozone Depletion : 1991. *WMO / UNEP Global Ozone Research and Monitoring Project, Report n°25, Geneva (Switzerland), 1992.*

WOLFF G.T. ET R.L. KLIMISCH
Particular carbon : atmospheric life cycle, *Plenum press, 1982, 411 p.*

YIN F., D. GROSJEAN ET J.H. SEINFELD
Analysis of atmospheric photo-oxidation mechanisms for organosulfur compounds, *J. Geophys. Res., 91, 1986, p. 1441-1443.*

YIN F., D. GROSJEAN ET J.H. SEINFELD
Photooxidation of dimethylsulfide and dimethyldisulfide : mechanism development, *J. Atmos. Chem., 11, 1990, p. 309-344.*

Composition du groupe de travail
Effet de serre

Le groupe est dirigé par :

Robert DAUTRAY	Membre de l'Académie des sciences
MICHEL PETIT	Membre correspondant de l'Académie des sciences Directeur général adjoint pour la recherche à l'Ecole polytechnique

Membres :

Jean-Claude ANDRÉ	Ingénieur général de la météorologie nationale
Pierre BOTTNER	Directeur de recherche au CNRS Centre d'écologie fonctionnelle et évolutive
Pierre BOUVAREL	Membre émérite du CADAS Directeur de recherche à l'INRA
Daniel CARIOLLE	Ingénieur en chef de la météorologie nationale
Marie-Lise CHANIN	Membre correspondant de l'Académie des sciences Service d'aéronomie du CNRS
Alain CHEDIN	Directeur de recherche au CNRS Conseiller scientifique du CEA
Pascale DELECLUSE	Directeur de recherche au CNRS Laboratoire d'océanographie dynamique et de climatologie
Jean-Claude DUPLESSY	Directeur de recherche au CNRS Centre des faibles radioactivités
Yves FOUQUART	Professeur à l'université de Lille 1 Laboratoire d'optique atmosphérique
Jean JOUZEL	Directeur de recherche au CEA Laboratoire de modélisation du climat et de l'environnement
Robert KANDEL	Directeur de recherche au CNRS Laboratoire de météorologie dynamique

Hervé LE TREUT	Directeur de recherche au CNRS Laboratoire de météorologie dynamique
Claude LORIUS	Membre correspondant de l'Académie des sciences Laboratoire de glaciologie et géophysique de l'environnement
Gérard MEGIE	Membre correspondant de l'Académie des sciences Service d'aéronomie
Liliane MERLIVAT	Directeur de recherche au CNRS Laboratoire d'océanographie dynamique et de climatologie
Jean-François MINSTER	Physicien à l'Observatoire Midi-Pyrénées Laboratoire d'océanographie et de géophysique
Thierry de MONTBRIAL	Membre de l'Académie des sciences morales et politiques Institut français des relations internationales
André MOREL	Professeur à l'université Pierre et Marie Curie Laboratoire physique chimie marine
Robert SADOURNY	Directeur de recherche au CNRS Laboratoire de météorologie dynamique
Bernard SAUGIER	Professeur à l'université Paris Sud Laboratoire d'écologie végétale

Unités et symboles physiques

t	:	tonne (10^3 kilogrammes)
kgt	:	kilotonne (10^3 tonnes)
Mt	:	mégatonne (10^6 tonnes)
Gt	:	gigatonne (10^9 tonnes)
t.C	:	tonne de carbone (1 t.C = 3,7 t de CO_2)
Gt.C	:	gigatonne de carbone
μm	:	micromètre (10^{-6} mètre)
nm	:	nanomètre (10^{-9} mètre)
Pa	:	pascal (unité de pression ; 1 atmosphère = 101 325 Pa)
hPa	:	hectopascal (100 Pa ; 1 hPa = 1 mbar)
°C	:	degré Celsius (°C = température de la glace fondante)
K	:	degré Kelvin (OK = zéro absolue de température)
W	:	watt (unité de puissance)
PW	:	pétawatt (10^{15} watts)
Wm^{-2}	:	watt par mètre carré (unité de flux d'énergie)
mole	:	unité de quantité d'un corps pur ($6{,}02.10^{23}$ molécules)
τ	:	transmittance infrarouge de l'atmosphère
Γ	:	mesure normalisée de l'effet de serre ($\Gamma = 1 - \tau$)
ppmv	:	partie par million en volume (10^{-6})
ppbv	:	partie par milliard en volume (10^{-9})
pptv	:	partie par billion en volume (10^{-12})

Symboles chimiques

C	:	carbone
^{12}C, ^{13}C, ^{14}C	:	isotope 12, isotope 13, isotope 14 du carbone
H	:	hydrogène atomique
O	:	oxygène
^{16}O, ^{18}O	:	isotope 16, isotope 18 de l'oxygène
O_2	:	oxygène moléculaire
O_3	:	ozone
N	:	azote
N_2	:	azote moléculaire
CO	:	monoxyde de carbone
CO_2	:	dioxyde de carbone (ou gaz carbonique)
CH_4	:	méthane
COS	:	sulfure de carbonyle
H_2O	:	eau
H_2O_2	:	peroxyde d'hydrogène
OH	:	radical hydroxyle
N_2O	:	protoxyde d'azote (ou acide nitreux)
NO_x	:	oxydes d'azote autres que le protoxyde
NH_3	:	radical ammonium
Cl	:	chlore
F	:	fluor
Br	:	brome
I	:	iode
S	:	soufre
SF_6	:	hexafluorure de soufre
SO_2	:	dioxyde de soufre
CFC	:	chlorofluorocarbure
HFC	:	hydrofluorocarbures
HCFC	:	hydrochlorofluorocarbures
DMS	:	sulfure de diméthyl
MSA	:	acide méthane sulfonique

Sigles : institutions

CCC	:	Canadian Climate Center, Downsview, Ontario (Canada)
CEPMMT	:	Centre européen de Prévisions météorologiques à Moyen terme
GFDL	:	Geophysical Fluid Dynamics Laboratory, Princeton (USA)
GIEC	:	Groupe Intergouvernemental sur l'évolution du climat (IPCC en anglais)
GISS	:	Goddard Institute of Space Sciences, New York (USA)
ICSU	:	International Council of Scientific Unions
IPCC	:	Intergovernmental Panel of Climate Change (GIEC en français)
LMD	:	Laboratoire de météorologie dynamique (France)
MGO	:	Main Geophysical Laboratory, Leningrad (URSS)
MRI	:	Meteorological Research Institute (Japon)
NASA	:	National Aeronautics and Space Administration (USA)
NCAR	:	National Center for Atmospheric Research, Boulder (USA)
NOAA	:	National Oceanic and Atmospheric Administraction (USA)
OMM	:	Organisation météorologique mondiale (WMO en anglais)
OSU	:	Oregon State University (USA)
SCOPE	:	Scientific Committee On Problems of the Environment
UKMO	:	United Kingdom Meteorological Office, Bracknell (GB)
WMO	:	World Meteorological Organisation (OMM en français)

Sigles : programmes

AMIP	:	Atmosphère Model Intercomparaison Programme
BEST	:	Bilan Energétique du Système Tropical
ERB	:	Earth Radiation Budget
ERBE	:	Earth Radiation Budget Experiment
GEWEX	:	Global Energy and Water Cycle Experiment
HIRLAM	:	High Resolution Limited Area Model
IGAC	:	International Global Atmospheric Chemistry Programme
IGBP	:	International Geosphere-Biosphere Programme
ISCCP	:	International Satellite Cloud Climatology Project
ISLSCP	:	International Satellite Land Surface Climatology Project
JGOFS	:	Joint Global Ocean Flux Study
NDSC	:	Network for the Detection of Stratospheric Changes
PMIP	:	Paleoclimate Model Intercomparaison Project
SMM	:	Solar Maximum Mission
STRATEOLE	:	Projet d'Etude à grande échelle de la dynamique et de la chimie stratosphérique par ballons
TOGA	:	Tropical Ocean and Global Atmosphere
TRMM	:	Tropical Rainfall Mapping Mission
TROPOZ	:	Tropospheric Ozone
WCNE	:	Working group of Numerical Simulation
WCRP	:	World Climate Research Programme
WOCE	:	World Ocean Circulation Experiment

Abréviations diverses

AVHRR	:	Advanced Very High Resolution Radiometer
AVISO	:	Système distribué de gestion scientifique des données d'océanographie spatiale
BaU	:	Business as usual (scénario)
CERSAT	:	Centre d'archivage et de traitement des données ERS1
CPU	:	Central Processing Unit
ENSO	:	El Nino Southern Oscillation
ERS1	:	European Remote Sensing Satellite
HIRS	:	High Resolution Infrared Radiation Sounder
LAWS	:	Lidar Atmospheric Wind Sounder
MLS	:	Micro Limb Sounder
MPDI	:	Microwaves Polarization Difference Index
NDVI	:	Normalized Difference Vegetation Index
NIMBUS	:	Série de satellites atmosphériques américains
PEG	:	Potentiel d'échauffement global
QBO	:	Oscillation quasi-biennale du vent zonal dans la stratosphère
SAGE	:	Stratospheric Aerosol and Gas Experiment
SCARAB	:	Scanner for Radiation Budget
TOMS	:	Total Ozone Monitoring Satellite
TOVS	:	Tiros Operational Vertical Sounder
UARS	:	Upper Atmosphere Research Satellite
WGNE	:	Working Group of Numerical Experimentation
1D, 2D, 3D	:	à une, deux ou trois dimensions (modélisation à …)

Achevé d'imprimer par Corlet, Imprimeur, S.A. - 14110 Condé-sur-Noireau (France)
N° 7 bis - VR 80° - N° d'Imprimeur : 18943 - Dépôt légal : septembre 1996 - *Imprimé en C.E.E.*